普通高等教育创新型
"十四五"规划教材

实用
信息技术基础

主　编◎熊大红

副主编◎张清富　钟德文

编　委◎（排名不分先后）

张卫群　林艳兰　陈朝飞

余　飞　韩慧芳　蔡思良

李孟逢　杨诗琳

湖南大学出版社

·长沙·

内容简介

本书根据现代科技和信息技术飞速发展的时代要求,立足帮助读者快速掌握工作、学习和生活中常用的信息技术基本知识与实践操作技能,从计算机基础知识和常用软件介绍入手,逐步深入讲述了计算机网络与信息安全、智能设备及其常用 APP 的使用,并以实际场景应用案例进行了具体分析,最后介绍了信息道德与法律等方面的相关知识,旨在帮助读者全面了解和正确应用信息技术。

本书可作为社区教育、老年教育、职业院校和普通高校各专业以及乡村治理人才、新型职业农民培训的教材,也适合信息技术相关领域的教学科研人员参考使用。

图书在版编目(CIP)数据

实用信息技术基础/熊大红主编 . 一长沙:湖南大学出版社,2023.12
ISBN 978-7-5667-3324-5

Ⅰ.①实… Ⅱ.①熊… Ⅲ.①电子计算机—教材
Ⅳ.①TP33

中国国家版本馆 CIP 数据核字(2023)第 248474 号

实用信息技术基础
SHIYONG XINXI JISHU JICHU

主　　编:熊大红
责任编辑:张建平
印　　装:长沙市宏发印刷有限公司
开　　本:787 mm×1092 mm　1/16　　印　　张:19　　字　　数:463 千字
版　　次:2023 年 12 月第 1 版　　　　　印　　次:2023 年 12 月第 1 次印刷
书　　号:ISBN 978-7-5667-3324-5
定　　价:58.00 元

出 版 人:李文邦
出版发行:湖南大学出版社
社　　址:湖南·长沙·岳麓山　　邮　　编:410082
电　　话:0731-88822559(营销部),88821315(编辑室),88821006(出版部)
传　　真:0731-88822264(总编室)
网　　址:http://press.hnu.edu.cn
电子邮箱:574587@qq.com

前　言

在当今这个信息爆炸的时代，信息技术已经成为人们工作、生活中不可或缺的一部分。随着科技的飞速发展，各种新兴技术层出不穷，让我们的生活变得越来越便捷。然而，面对如此庞大的信息量和复杂的技术体系，如何有效地掌握和应用这些技术，成为了许多人面临的问题。为此，编者结合广东省继续教育质量提升工程项目（编号：JXJYGC2021AY0047）和广东开放大学重点科研团队"现代信息技术及乡村振兴信息服务研究团队"的研究成果，编写了这本《实用信息技术基础》。

本书共分为七章，从计算机基础知识和常用软件介绍入手，逐步深入讲述了计算机网络与信息安全、智能设备及其常用 APP 的使用，并以实际场景应用案例进行了具体分析，最后介绍了信息道德与法律等方面的相关知识，旨在帮助读者全面了解和正确应用信息技术。

第 1 章是计算机基础知识。这一章介绍计算机的基本概念、硬件组成、操作系统等基础知识，为后续各章节的学习打下坚实的基础。此外，还将通过实际操作演示，帮助读者熟悉计算机的基本操作，如开机、关机、文件管理等。

第 2 章是办公软件的应用。这一章介绍一些常用的办公软件，包括 Word 2021 文字处理软件、Excel 2021 电子表格软件、PowerPoint 2021 幻灯片软件和 Outlook 2021 邮件管理软件，帮助读者掌握这些软件的使用方法，提高工作效率。同时，还将结合实际案例，讲解如何运用这些软件解决实际问题，如制作报表、报告等。

第 3 章是常用软件及应用。这一章介绍浏览器、压缩/解压缩软件、媒体播放器、图片处理软件等常用计算机软件基础知识，并以实例介绍这些软件应用方法。

第 4 章是计算机网络与信息安全。这一章介绍计算机网络的概念、结构类型及设备等基础知识及其应用，还特别强调有关信息安全的基本知识，并介绍典型案例。

第 5 章是智能设备及常用 APP 的使用。这一章在介绍智能手机的基本操作的基础上，详细讲解智能手机的常用设置方法、安全与隐私保护、维护与保养等，并重点介绍常见的移动互联网应用程序（APP），包括学习教育、社交娱乐、在线购物和智能导航等。

第 6 章是实用信息技术的场景应用案例。这一章以出门旅游为例，详细介绍如何运用信息技术解决实际问题，提高出行体验。详细讲解如何使用地图导航找到目的地、使用在线预订平台预订酒店和机票以及使用社交媒体分享旅行经历等。

第 7 章介绍信息行为的道德规范与法律风险。这一章从道德规范和法律层面探讨信息行为规范和违法行为、计算机网络犯罪及网络违法行为的法律责任，引导读者树立正确的信息价值观和法治观念，包括尊重他人隐私、不传播虚假信息以及遵守信息网络道德和相关法律法规等。

　　本书语言平实，在内容安排上注重结合实际案例进行讲解，让读者在学习中能够更好地理解和掌握相关知识，帮助他们更好地掌握和应用信息技术。

　　本书可作为社区教育、老年教育、职业院校和普通高校各专业以及乡村治理人才、新型职业农民培训的教材，也适合信息技术相关领域的教学科研人员参考使用。本书在编写的过程中，参考了许多同行编写的教材，还参考了一些国内外资料，在此表示衷心的感谢。

　　限于编者水平，书中难免存在错误和不妥之处，敬请读者批评指正。

编　者

2023 年 8 月

目　　录

第 1 章　计算机基础知识

1.1　计算机的发展历程和基本概念

1.1.1　计算机的发展历程

1946 年第一台电子数字计算机 ENIAC 由美国宾夕法尼亚大学研制成功。它是一个庞然大物，共有 18 000 个电子管、1 500 个继电器，功率 150 kW，重量 30 t，占地约 170 m^2，运算速度为每秒 5 000 次加法或 400 次乘法。它的诞生在人类文明史上具有划时代的意义，奠定了计算机的发展基础，成为计算机发展史上一个重要的里程碑，开辟了计算机科学的新纪元。

从第一台计算机诞生至今已有近 70 多年的时间，计算机的基本构成元件经历了电子管、晶体管、集成电路、大规模集成电路和超大规模集成电路 4 个发展时代。

1. 第一代计算机

第一代计算机（1946—1957 年）使用电子管作为主要电子元件，其主要特点是体积大、耗电多、重量重、性能低，且成本很高。这一代计算机的主要标志是：

（1）确立了模拟量可以变换成数字量进行计算，开创了数字化技术的新时代；

（2）形成了电子数字计算机的基本结构，即冯·诺依曼结构；

（3）确定了程序设计的基本方法，采用机器语言和汇编语言编程；

（4）首次使用阴极射线管 CRT 作为计算机的字符显示器。

2. 第二代计算机

第二代计算机（1958—1964 年）使用晶体管作为主要电子元件，其各项性能指标有了很大改进，运算速度提高到每秒几十万次。这一代计算机的主要标志是：

（1）开创了计算机处理文字和图形的新阶段；

（2）系统软件出现了监控程序，提出了操作系统的概念；

（3）高级语言已投入使用；

（4）开始有了通用机和专用机之分；

（5）开始使用鼠标。

3. 第三代计算机

第三代计算机（1965—1970 年）使用小规模集成电路（SSIC）和中规模集成电路

（MSIC）作为主要电子元件，其性能和稳定性进一步提高。这一代计算机的主要标志是：

（1）运算速度已达到每秒 100 万次以上；

（2）操作系统更加完善，出现分时操作系统；

（3）出现结构化程序设计方法，为开发复杂软件提供了技术支持；

（4）序列机的推出，较好地解决了"硬件不断更新，而软件相对稳定"的矛盾；

（5）机器可根据其性能分成巨型机、大型机、中型机和小型机。

4. 第四代计算机

第四代计算机（1971 年至今）采用大规模集成电路（LSIC）和超大规模集成电路（VLSIC）作为主要电子元件，使得计算机日益小型化和微型化。这一代计算机的主要标志是：

（1）操作系统不断完善，应用软件的开发成为现代工业的一部分；

（2）计算机应用和更新的速度更加迅猛，产品覆盖各类机型；

（3）计算机的发展进入了以计算机网络为特征的时代。

1.1.2　计算机的基本概念

1. 计算机的分类

电子计算机是一种通过电子线路对信息进行加工处理以实现其计算功能的机器，它按照不同的原则可以有多种分类方法。

第一种分类方法是按照信息在计算机内的表示形式是模拟量还是数字量进行划分的，可以分为电子模拟计算机、电子数字计算机和混合计算机三大类。由于当今世界上的计算机绝大部分是电子数字计算机，通常说的计算机就是指电子数字计算机，所以这种分类方法实际意义不大。

第二种分类方法是根据计算机的大小、规模、性能等进行划分的，可以分为巨型、大型、中型、小型和微型计算机等。尽管长期以来这类名称一直在使用，但是这种称呼不确切。这是因为当今计算机技术发展很快，各类计算机间的界限模糊不清。几年前在大型机中使用的技术，今天可能已在微型机中实现，例如，Intel 80386 32 位微处理器就采用了20 世纪 70 年代只有大型机才采用的技术，其性能已达到 20 世纪 70 年代大中型机的水平。现在的一台智能手机比以前的巨型机运算速度还要快。

第三种分类方法是按计算机的设计目的进行划分的，可以分为通用计算机和专用计算机。通用计算机是指用于解决各类问题的计算机。它既可以进行科学计算，又可以用于数据处理等。它是一种用途广泛、结构复杂的计算机系统。专用计算机是指主要为某种特定目的而设计的计算机，如用于工业控制、数控机床、银行存款的计算机。专用计算机针对性强、效率高，结构比通用计算机简单。

2. 计算机的主要特点

（1）能自动连续地高速运算。由于计算机采用存储程序控制方式，一旦输入编制好的程序，启动计算机后，它就能自动地执行下去。能自动连续地高速运算是计算机最突出特点，也是它和其他一切计算工具的本质区别。

（2）运算速度快。由于计算机是由高速电子器件组成的，因此它能以极高的速度工作，现在普通的微型计算机每秒可执行几万条指令甚至更多，由 Intel i9-7980 打造的巨型机每秒可执行数万亿条指令。随着新技术的开发，计算机的工作速度还在迅速提高。这不仅极大地提高了工作效率，还使许多复杂问题的运算处理有了实现的可能性。

（3）运算精度高。因为计算机采用二进制数表示数据，所以它的精度主要取决于数据表示的位数，一般称为机器字长。机器字长越长，其精度越高。计算机的字长一般有 8 位、16 位、32 位、64 位等。为了获得更高的计算精度，计算机还可以进行双倍字长、多倍字长的运算。

（4）具有记忆能力和逻辑判断能力。计算机的存储器具有存储、记忆大量信息的功能，并能进行快速存取。一般读取时间只需十分之几微秒，甚至百分之几微秒。计算机具有的记忆和高速存取能力是它能够自动高速运行的必要基础。而计算机采用二进制的两个数字（1、0）状态可以很方便地表示逻辑判断的真与假。

（5）通用性强。在计算机上解题时，对于不同的问题，只是执行的计算程序不同。因此，计算机的使用具有很大的灵活性和通用性，同一台计算机能解各式各样的问题，应用于不同的领域。

3. 计算机的主要用途

计算机的应用已经渗透我们今天工作、学习和生活的方方面面，计算机的主要应用范围包括以下几个方面：

（1）科学计算。科学计算是计算机最原始的应用领域。在科学技术和工程设计中，存在大量的各类数学计算问题，它的特点是数据量不是很大，但计算工作量很大、很复杂，如解几百个线性联立方程组、大型矩阵运算、高阶微分方程组等。如果没有计算机的快速性和精确性，其他计算工具是难以解决这方面问题的。

（2）数据处理。现在数据处理常用来泛指在计算机上进行非科技工程方面的计算管理和操纵任何形式的数据资料。数据处理的应用领域十分广泛，如企业管理、情报检索气象预报、飞机订票、防空预警等。据统计，目前在计算机应用中，数据处理所占的比重最大。数据处理的特点是要处理的原始数据量很大，而运算比较简单，有大量的逻辑运算与判断，其处理结果往往以表格或文件的形式存储或输出。

（3）过程控制。采用计算机对连续的工业生产过程进行控制，称为过程控制。电力、冶金、石油化工、机械等工业部门都采用过程控制，可以提高劳动效率、提高产品质量、降低生产成本、缩短生产周期。计算机在过程控制中的应用有：巡回检测、自动记录、统计报表、监视报警、自动启停等。计算机在过程控制中还可以直接与其他设备、仪器相连，对它们的工作进行控制和调节，使其保持最佳的工作状态。

（4）计算机辅助设计。计算机辅助设计（computer-aided design，CAD）是使用电子计算机帮助设计人员进行设计。使用 CAD 技术可以提高设计质量、缩短设计周期、提高设计自动化水平。CAD 技术已广泛应用于船舶设计、飞机制造、建筑工程设计、大规模集成电路版图设计、机械制造等行业。CAD 技术迅速发展，在其应用范围日益扩大的同时，也派生出许多新的技术分支，如计算机辅助制造（computer-aided manufacturing，CAM）、计算机辅助测试（computer-aided testing，CAT）、计算机辅助教学（computer-aided instruction，CAI）等。

（5）多媒体应用。多媒体计算机的主要特点是集成性和交互性，即集文字、声音、图像等信息于一体，并使信息交流双方能够通过计算机进行交互。多媒体技术的发展大大拓宽了计算机的应用领域，视频和音频信息的数字化，使得计算机逐步走向家庭、走向个人。多媒体技术为人和计算机之间提供了传递自然信息的途径，目前已被广泛应用于教育教学、演示、咨询、管理、出版、办公自动化和网络实时通信等各个方面。多媒体技术的发展和成熟，为人们的学习、工作和生活建立了新的方式，增添了新的风采。

（6）计算机网络。计算机网络就是把分布在不同地理区域的计算机与专门的外部设备用通信线路互联成一个规模大、功能强的系统，从而使众多的计算机可以方便地互相传递信息，共享硬件、软件、数据信息等资源。

（7）人工智能。人工智能（artificial intelligence，AI）是计算机理论科学研究的一个重要领域。人工智能是研究用计算机软硬件系统模拟人类某些智能行为，如感知、推理、学习、理解等理论和技术。其中最具代表性的两个领域是专家系统和机器人。典型应用有阿尔法围棋（AlphaGo）软件等。

4. 信息的基本概念

（1）信息。广义的信息，是指一切表述（或反映）事物内部或外部互动状态或关系的东西。关于信息的定义，则是五花八门。其中，《辞海》对于信息的定义是："信息是指对于信息的接收者来说事先不知道的报道。"

但目前世界上大多数人都能接受的一种定义，是美国数学家申农在创立信息论时给信息下的定义，他认为，信息是不确定性的减少或消除。

无论哪种定义，实际上都强调了信息的价值在于能帮助人们了解某些事物或对象。从信息存在的形式看，信息包括文字、数字、图片图表、图像、音频、视频等内容。

（2）数据。数据是反映客观事物属性的记录，是信息的具体表现形式。数据经过加工处理之后，就成为信息。数据和信息是不可分的，数据本身没有意义，只有数据对具体的客观事物有了物理意义时才成为信息。而信息需要经过数字化处理转变成数据才能够存储和传输。对计算机而言，可处理的数据包括数值数据和非数值数据。

（3）信息处理。信息处理是对信息进行接收、存储、转化、传送和发布等。随着计算机科学的不断发展，计算机已经从初期的以"计算"为主的一种计算工具，发展成为以信息处理为主的、集计算和信息处理于一体的、与人们的工作、学习和生活密不可分的一种工具。

（4）信息系统。信息系统是一个由人、计算机及其他外围设备等组成的能对信息进行收集、传递、存储、加工、维护和使用的系统。

计算机内所有的信息都是以二进制的形式表示的，单位是位。

● 位：计算机只认识由 0 或 1 组成的二进制数，二进制数中的每个 0 或 1 就是信息的最小单位，称为"位"（bit）。

● 字节：字节是衡量计算机存储容量的单位。一个 8 位的二进制数据单元称为一个字节（byte）。

存储容量：存储容量是指存储器可以容纳的二进制信息量。存储容量的单位是：1 KB ＝1 024 B，1 MB ＝1 024 KB，1 GB ＝1 024 MB，1 TB ＝1 024 GB，1 PB ＝1 024 TB，1 EB＝1024 PB 等。

● 字：计算机在进行数据处理时，一次作为一个整体单元进行存、取和处理的一组二进制数称为字。一个字通常由一个或多个字节构成。

● 字长：一个字中包含二进制数位数的长度称为字长。字长是标志计算机精度的一项技术指标。一台计算机的字长是固定的。在其他指标相同时，字长越长，表示计算机处理数据的速度就越快。字长分为 8 位、16 位、32 位和 64 位。目前计算机 CPU 的字长大部分为 64 位。

1.2　计算机硬件组成及功能

1.2.1　计算机硬件系统的组成

计算机硬件系统主要由运算器、控制器、存储器、输入设备、输出设备等部分组成。如图 1.2.1 所示。由于运算器、控制器和存储器这三个部分是信息加工、处理的主要部件，所以把它们合称为"主机"，而输入设备和输出设备则合称为"外部设备"。又因为运算器和控制器无论在逻辑关系上还是在结构工艺上都有十分紧密的联系，往往将两者组装在一起，所以将这两个部分称为"中央处理器"（central processing unit，CPU）。

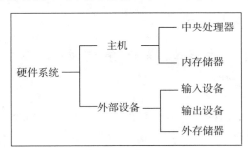

图 1.2.1　硬件系统组成

1.2.2　计算机硬件系统各部件的功能

下面对计算机硬件系统的几个基本部分作简单介绍。

（1）运算器。运算器是一个用于信息加工的部件，它用来对二进制的数据进行算术运算和逻辑运算，所以也叫作"算术逻辑部件"（arithmetic and logic unit，ALU）。

运算器的核心部分是加法器。因为四则运算加、减、乘、除等算法都可以被归结为加法与移位操作，所以加法器的设计是算术逻辑线路设计的关键。

（2）控制器。控制器产生各种控制信号，指挥整个计算机有条不紊地工作。它的主要功能是根据人们预先编制好的程序，控制与协调计算机各部件自动工作。控制器按一定的顺序从主存储器中取出每一条指令并执行，执行指令是通过控制器发出相应的控制命令串来实现的。因此，控制器的工作过程就是按预先编好的程序不断地从主存储器中取出指令、分析指令和执行指令。

（3）存储器。存储器是用来存放指令和数据的部件。对存储器的要求是不仅能保存大量二进制信息，而且能够快速存、取信息。一般计算机存储系统划分为两级，一级为内存储器（主存储器），如半导体存储器，它的存取速度快，但容量小，用于存储正在执行的程序和数据；另一级为外存储器（辅助存储器），如硬盘、磁盘存储器等，它的存储速度慢，但容量很大，用于存储暂未执行的程序和数据。在运算过程中，内存储器直接与CPU交换信息，而外存储器不能直接与CPU交换信息，外存储器只有将信息传送到内存储器后才能由CPU进行处理，其性质和输入/输出设备相同，所以一般外存储器归属于外部设备。

（4）输入/输出设备。输入/输出设备又称外部设备，是实现人与计算机之间相互联系的部件。其主要功能是实现人—机对话、输入与输出以及各种形式的数据变换等。

计算机要进行信息加工，就要通过输入设备把原始数据和程序存入计算机的内存储器中。输入设备的种类很多，如键盘、鼠标、硬盘、U盘、光盘、扫描仪、摄像头、麦克风等。

输出的设备是将计算机中的二进制信息转换为用户所需要的数据形式的设备。它将计算机中的信息以十进制、字符、图形或表格等形式显示或打印出来，也可记录在磁盘或光盘上。输出设备可以是打印机、显示器、绘图仪、硬盘、U盘、光盘等。它们的工作原理与输入设备正好相反，它们是将计算机中的二进制信息转换为相应的电信号，以十进制或其他形式记录在媒介物上。常用的外存储器既可以作为输入设备，又可以作为输出设备。

1.3 计算机操作系统的基本操作

操作系统是最基本最重要的系统软件，它负责管理计算机系统的各种硬件及软件资源并且负责解释用户对机器的管理命令，将这些命令转换为机器实际的操作。所以操作系统是整个计算机系统的控制和管理中心，是用户与计算机联系的桥梁。目前主流的操作系统主要有 Windows、Linux、UNIX、Mac OS、OS/2 等。其中 Windows 操作系统是当前使用最广泛的操作系统。

Windows 操作系统是微软公司开发的、一个具有图形用户界面（GUI）的多任务的操作系统。所谓多任务是指在操作系统环境下可以同时运行多个应用程序，例如可以一边用Word 软件编辑文档，一边让计算机播放音乐，这时两个程序都已被调入内存并处于工作状态。

Windows 是在微软的磁盘操作系统（DOS）上发展起来的。由最初的 Windows 1.0版、Windows 3.x、Windows 9X、Windows 2000 到现在普遍使用的 Windows XP、Windows 7 和 Windows 10，系统功能和性能不断提高。Windows 7 和 Windows 10 除了具有图形用户界面操作系统的多任务、"即插即用"、多用户账户等特点外，比以往版本有更友好的窗口设计、更方便快捷的操作环境，例如跳转列表和改进的任务栏预览，方便的文件、文件夹查找和管理等。Windows 7 和 Windows 10 在提高用户的个性化、计算机的安全性、视听娱乐的优化、设置家庭及办公网络方面都有很大改进，这些技术可使计算机的运行更有效率而且更加可靠。

本节介绍的是 Windows 10 操作系统的基本操作。

1.3.1　Windows 的启动和退出

1. 启动 Windows

如在计算机上成功地安装了 Windows 操作系统，在接通了电源后，首先进行系统自检；如果没有问题，即可自动启动 Windows 操作系统，用户可按屏幕上出现的提示进行启动时的各个操作；启动成功后，选择用户账户进行登录，屏幕上将显示此用户设置的 Windows 的桌面。

在系统启动过程中，如长按 F8 键，可进入安全模式设置。安全模式是 Windows 用于修复操作系统错误的专用模式，它仅启动运行 Windows 所必需的基本文件和驱动程序。

以安全模式方式启动，可以帮助用户排除问题，修复系统错误。

2. 退出 Windows

打开"开始"菜单，直接单击右下角的"电源"选项，如图 1.3.1 所示。

选择"关机"按钮，计算机就可以关闭所有打开 Windows 程序，退出 Windows，完成关闭计算机的操作。注意，关机不会自动保存修改，因此确认保存文件之后再关机。

选择"睡眠"按钮，就是让计算机系统处于低耗能状态。

选择"重启"按钮，就是让计算机系统自动修复故障并重新启动电脑的操作。

图 1.3.1　"开始"菜单中的"电源"选项

1.3.2　Windows 中汉字输入方式的启动和汉字输入方法

在安装 Windows 时，系统已经将常用的汉字输入法安装好了，并在桌面底部右边显示语言栏。语言栏是一个浮动的工具条，单击语言栏上表示语言的按钮，打开如图 1.3.2 所示的输入法列表，在列表中选择需要的输入法即可切换到该输入法。当切换到某种汉字输入法时，窗口中会出现相应的输入法状态框，可以用鼠标单击其中按钮进行全角/半角、打开软键盘等相应设置，如图 1.3.3 所示。也可用快捷键完成以上操作，常用的快捷键有：

"输入法"按钮

图 1.3.2　输入法列表

PC键盘	标点符号
希腊字母	数字序号
俄文字母	数学符号
注音符号	单位符号
汉语拼音	制表符
日文平假名	特殊符号
日文片假名	用户符号

图 1.3.3　软键盘列表

- Ctrl＋空格键：当前正在使用的汉字输入法和英文输入法之间切换。
- Shift＋空格键：输入字符在全角和半角之间切换。
- Ctrl＋Shift：在已安装的所有输入法之间按顺序进行切换。
- Ctrl＋·：中英文标点之间切换。

1.3.3 Windows 中鼠标的使用

鼠标输入是 Windows 环境下操作的主要特色之一，它打破了 DOS 下只用键盘执行操作的常规，使常用操作更简单、容易，具有快捷、准确、直观的屏幕定位和选择能力。

1. 鼠标操作

左键单击：按一下鼠标左键，立即释放，又称左击或单击，一般说到"鼠标单击"就是指单击鼠标左键。

右键单击：按一下鼠标右键，立即释放，又称右击。

左键双击：快速地连续两次单击鼠标左键，又称双击。

指向：移动鼠标指针到屏幕的一个特定位置或特定对象。

拖曳：选定拖曳对象，按住鼠标左键不放，移动鼠标指针到目的地松开左键。

左键一般用于选定、拖动、执行，例如要选择某个对象，就先用鼠标指针指向它，然后单击鼠标左键；单击右键用于弹出快捷菜单。

2. 鼠标指针的形状

鼠标指针的形状取决于它所在的位置以及和其他屏幕元素的相互关系。

1.3.4 Windows 窗口的操作方法

窗口是屏幕上可见的矩形区域，其操作包括打开、关闭、移动、放大及缩小等。在桌面上可同时打开多个窗口。

1. 窗口的移动

将鼠标指向窗口标题栏，并用鼠标将窗口拖动到指定位置。

2. 窗口的最大化、最小化和恢复

标题栏右上角自左向右 3 个按钮分别用于窗口最小化、还原或窗口最大化和关闭窗口。如图 1.3.4 所示。

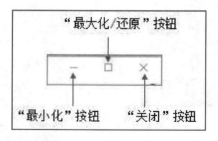

图 1.3.4 窗口控制按钮

- 窗口最小化与还原：用鼠标单击窗口的最小化按钮，则窗口将缩小为图标，成为任务栏中的一个按钮，要将图标还原成窗口，则只需单击任务栏中该图标按钮即可。

● 　窗口最大化与还原：最大化按钮有两种状态，图案为单个矩形，用鼠标单击它，则窗口将放大到充满整个屏幕空间，此时其按钮图案将变成两个前后重叠的矩形，再单击此按钮则窗口将恢复原来的大小，其图案也还原为单个矩形。

● 　关闭窗口：用鼠标单击关闭按钮，当前窗口即被关闭。

3. 窗口大小的改变

当窗口未最大化时，可以改变窗口的宽度和高度。

改变窗口的宽度：将鼠标指向窗口的左边或右边，当鼠标指针变成左右双箭头后，用鼠标拖动一边到所需宽度。

改变窗口的高度：将鼠标指向窗口的上边或下边，当鼠标指针变成上下双箭头后，用鼠标拖动一边到所需高度。

同时改变窗口的宽度和高度：将鼠标指向窗口的任意一个角，当鼠标指针变成倾斜双箭头后，用鼠标拖动一个角到所需宽度和高度。

4. 窗口内容的滚动

当前窗口的空间显示的是应用项或文本的"一帧"，当窗口的宽度或高度未把应用项或所有文本全部显示出来时，窗口的下端会出现水平滚动条，右端则出现垂直滚动条，可操纵鼠标，将所需显示内容滚动到当前窗口的空间中。

● 　小步滚动窗口内容：单击滚动箭头。

● 　大步滚动窗口内容：单击滚动箭头和滚动块之间的区域。

● 　拖动：拖动滚动块使窗口内容上下或左右滚动，到所需位置后释放鼠标。

1.3.5　Windows 菜单的基本操作

用鼠标单击窗口的菜单栏中的某个菜单名，出现一个下拉式菜单；用鼠标右击某个选中对象或屏幕的某个位置，弹出一个快捷菜单。

这两种菜单，均可列出此菜单中的所有菜单项。当前能够执行的有效菜单命令以深色显示，不能使用的无效命令则呈浅灰色。

如果菜单命令旁带有标点省略号"…"，则表示选择该命令将弹出一个对话框，以期待用户输入必要的信息或做进一步的选择。

菜单项右边有一个顶点向右的黑色三角形的菜单项表示该菜单还有下一级的级联菜单。

如果命令项的右边还有一个键符或组合键符，则该键符表示快捷键，使用快捷键可以不列出菜单就直接执行相应的命令。例如，应用程序中帮助命令的快捷键一般都是 F1。

用鼠标单击菜单外的任何区域即可退出菜单的使用。

1.3.6　Windows 对话框的操作

对话框是 Windows 窗口对象中的一种。Windows 大量使用对话框作为人机交互的基本手段，对话框的大小、形状各异，对其操作就是对某一组控制命令的调用。对话框一般在执行菜单命令或单击命令按钮后出现，通常由标题栏、命令按钮、复选框、单选按钮、提示文字、帮助按钮及选项卡等诸元素组成，如图 1.3.5 所示。窗口中的这些控件元素用途各不相同，例如，复选框可以选择多个选项；单选按钮只能选择一个选项；单击命令按钮执行操作。在一些较复杂的对话框中，其包含的选项甚多，无法在同一个窗口中列出，就将选项按功能分类，分别纳入某个选项卡标签之下，每一个标签如同菜单栏中的一个菜单。

对话框中的基本操作包括在对话框中输入信息、选择选项、使用对话框中的命令按钮等。用户设置完了对话框的所有选项后，单击"确定"命令按钮，表示确认所输入的信息和选项，系统就会执行相应的操作，对话框也随之关闭。

图 1.3.5　对话框组成

1.3.7　Windows 工具栏、任务栏的操作

1. 工具栏的操作

大多数程序包含几十个甚至几百个使程序运行的命令（操作）。其中很多命令组织在菜单或功能区下面，只有打开菜单或功能区，它里面的命令才会显示出来，为了方便用户的操作，通常会将常用命令一直显示在 Windows 的窗口中，这些命令通常以按钮形式放在工具栏中，例如，打开 Word 2021，标题栏左边显示"快速访问工具栏"，如图 1.3.6 所示，单击工具栏右边的向下按钮，会显示一个下拉菜单，用户可以根据需要在此设置显示哪些工具按钮，也可以自定义快速访问工具栏。

图 1.3.6　工具栏

2. 任务栏的操作

任务栏位于桌面的底部（如图 1.3.7 所示）。一旦一个应用程序的窗口被打开，任务栏中就有代表该应用程序的图标和名称的按钮出现，该窗口被最小化后，任务栏中仍然留有代表它的图标和名称的按钮。用鼠标单击此按钮就可使它恢复成原来的窗口。

图 1.3.7　任务栏

Windows 是多任务操作系统，设置任务栏的目的是使多个应用程序之间的切换变得像在电视机上切换电视频道一样方便，如要将某个应用程序窗口切换成当前任务窗口（与用户进行交互的窗口就是当前任务窗口或当前活动窗口），只需用鼠标单击任务栏上相应的按钮即可。另外还可以使用 Alt＋Tab 键方式来切换任务窗口。

1）任务栏按钮的显示方式

任务栏按钮的显示和组织方式较多，包括是否显示按钮标签、是否合并按钮等，用户可以根据自己的喜好自定义。在任务栏的空白处单击鼠标右键，在弹出的快捷菜单中选择"任务栏设置"命令，打开"任务栏"对话框，如图 1.3.8 所示。在对话框中选择所需选项即可。

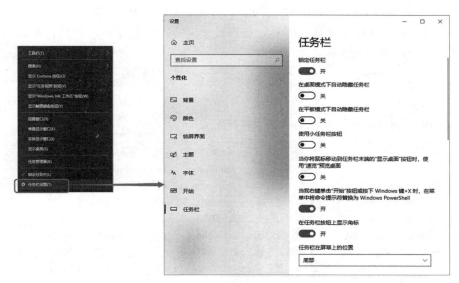

图 1.3.8　设置任务栏

2）任务栏的移动、调整和隐藏

Windows 启动后，任务栏一般位于桌面屏幕的底部，但是任务栏的大小、位置并不是固定不变的。如果任务栏没有锁定，如图 1.3.9 所示，"锁定任务栏"选项前面没有打"√"，可以用鼠标拖曳方式移动任务栏，方法是：先将鼠标指针移到任务栏的空白区域，拖动任务栏到预定位置后释放鼠标即可。还可以用鼠标指针拖动任务栏的边缘来改变其高度。

图 1.3.9　是否锁定任务栏

3）打开任务管理器

鼠标移至任务栏空白处，单击鼠标右键，如图 1.3.9 所示，在弹出的快捷菜单中选择"任务管理器"选项，可以打开如图 1.3.10 所示的"任务管理器"窗口，Windows 任务管理器提供有关计算机性能的信息，并显示计算机上所运行的程序和进程的详细信息，用户可以通过任务管理器中断进程或结束程序。

名称	PID	状态	用户名	CPU	内存(活动)	UAC …
360pic.exe	7388	正在运…	Administr…	00	2,636 K	不允许
Acrobat.exe	22292	正在运…	Administr…	00	101,716 K	不允许
AcroCEF.exe	13012	正在运…	Administr…	00	7,880 K	不允许
AcroCEF.exe	8504	正在运…	Administr…	00	30,880 K	不允许
acrotray.exe	16976	正在运…	Administr…	00	1,672 K	不允许
ApacheMonitor.exe	17792	正在运…	Administr…	00	1,632 K	不允许
ApplicationFrameH…	22356	正在运…	Administr…	00	13,648 K	不允许
cefsubprocess.exe	6468	正在运…	Administr…	00	4,100 K	不允许
CompPkgSrv.exe	11884	正在运…	Administr…	00	1,204 K	不允许
conhost.exe	8152	正在运…	MSSQLFD…	00	6,016 K	不允许
csrss.exe	624	正在运…	SYSTEM	00	1,384 K	不允许
csrss.exe	13812	正在运…	SYSTEM	00	1,932 K	不允许
ctfmon.exe	13044	正在运…	Administr…	00	15,472 K	不允许
dasHost.exe	4396	正在运…	LOCAL SE…	00	884 K	不允许

图 1.3.10　"任务管理器"窗口

鼠标移至任务栏空白处右击，如图 1.3.9 所示，在弹出的快捷菜单中选择相应命令可以设置以层叠、堆叠和并排显示等方式同时显示多个应用程序窗口。

1.3.8　Windows "开始" 菜单的定制

开始菜单右边窗格中列出了部分 Windows 的项目名称和图片。用户也可以根据自己的需要自定义其外观。具体操作是：

在图 1.3.8 中单击 "开始" 选项，出现如图 1.3.11 所示菜单，然后根据需要设置相关选项即可。

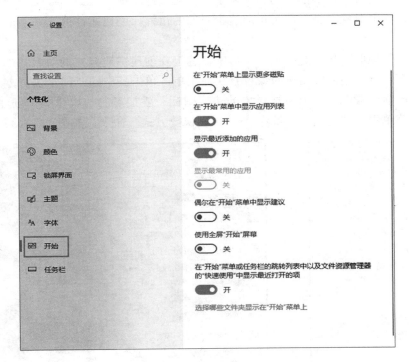

图 1.3.11　设置 "开始" 菜单

1.3.9　Windows 中剪贴板的操作

1. 对剪贴板的基本操作

剪切 (Ctrl＋X)：将选定的内容移到剪贴板中。

复制 (Ctrl＋C)：将选定的内容复制到剪贴板中。

粘贴 (Ctrl＋V)：将剪贴板中的内容插入到指定的位置。

在大部分的 Windows 应用程序中都有以上三个操作命令，它们一般放在 "编辑" 菜单中。利用剪贴板可以方便地在文档内部、各文档之间、各应用程序之间复制或移动信息。特别要注意，如果没有清除剪贴板中的信息，则在没有退出 Windows 之前，其剪贴板中的信息将一直保留，随时可将它粘贴到指定的位置。

2. 屏幕复制

在进行 Windows 操作的过程中，任何时候按下 Print Screen 键，就将当前整个屏幕信息以图片的形式复制到剪贴板中。在进行 Windows 操作的过程中，任何时候同时按下 Alt 与 Print Screen 键，就将当前活动窗口中的信息以图片的形式复制到剪贴板中。

1.3.10 Windows 快捷方式的创建、使用及删除

快捷方式可以和用户界面中的任意对象相连，它是一种特殊类型的文件。每一个快捷方式用一个左下角带有弧形箭头的图标表示，称为快捷图标。快捷图标是一个连接对象的图标，它不是这个对象本身，而是指向这个对象的指针。创建文件或文件夹的快捷方式方法如下。

在"资源管理器"或"此电脑"窗口中，选定要创建快捷方式的对象，如文件、文件夹或打印机等，然后用鼠标右击对象打开快捷菜单，单击其中的"创建快捷方式（S）"命令，就会在当前位置创建一个所选对象的快捷图标。要把对象的快捷图标创建在桌面上，可以选快捷菜单中的"发送到（N）"→"桌面快捷方式"命令。如图 1.3.12 所示。

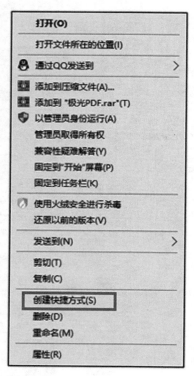
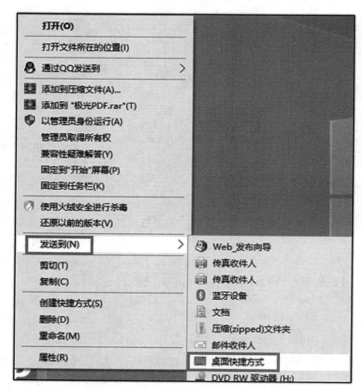

图 1.3.12　设置快捷方式方法

注意：快捷方式图标一般放在桌面上，删除快捷方式图标不会删除对象本身。有时用户会把常用文件按粘贴或复制的方法放在桌面上，便于调用，当用户删除桌面上此文件时，此文件就被放入了回收站中，与删除对象的快捷方式是不同的。

1.3.11　文件及文件管理

1. 文件资源管理器

"文件资源管理器"是 Windows 10 操作系统的重要组成部分，是对连接在计算机上全部外存储设备、外部设备、网络服务（包括局域网和国际互联网络）资源和计算机配置系统进行管理的集成工具。

1）文件与文件夹

（1）文件。广义的文件是指存储在一定媒体上的一组相关信息的集合。文件可以是存储在磁盘、磁带、光盘、硬盘、卡片上的各种程序、数据、文本、图形和声像资料等。

文件可以是应用程序，也可以是由应用程序创建的数据文件，如由 Word 程序创建的 Word 文档、由"画图"程序创建的位图文件等。

文件的名字由文件名和扩展名两部分组成。扩展名表示文件的类型，位于文件名之后，与文件名之间用"."分开。如"风景.doc"文件，"风景"是文件名，".doc"是扩展名。Windows 10 规定，文件名可以有 255 个字符（包括空格），但不能包含下列字符：

　\　/　∶　*　?　＜　＞　"　|

（2）文件夹。文件夹也称为目录，是用来存放文件和子文件夹的。大多数流行的操作系统，如 Windows、Linux 和 Macintosh 等，都是采用树状结构的文件夹系统，如图 1.3.13 所示。

图 1.3.13 中的根文件夹也称为根目录，是树状结构文件夹的最顶层，代表磁盘驱动器。计算机上根文件夹的数目取等于或大于磁盘驱动器的个数。磁盘驱动器由驱动器名和后续的半角"∶"表示。通常情况下，"A∶"和"B∶"代表软磁盘驱动器，"C∶"代表主硬磁盘驱动器；如果硬磁盘有多个分区，则会有多个顺序编号的根文件夹符号，如"D∶""E∶"等；如果有光盘驱动器或移动存储设备，还会出现相应的顺序编号的根文件夹符号。

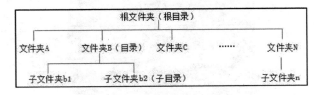

图 1.3.13　文件夹的树状结构

（3）路径。路径是描述文件位置的一条通路，这些文件可以是文档或应用程序，路径告诉操作系统如何才能找到该文件。路径的使用规则是：逻辑盘符号（如 C、D 或其他），后跟半角冒号（∶）和反斜杠（\），再接文件所属的所有子文件夹名（子文件夹名中间用反斜杠分隔），最后是文件名。例如，C∶\Windows\System\VGA.drv。

2）磁盘与磁盘驱动器

磁盘是存储信息的物理介质，包括软磁盘（简称软盘）、硬磁盘（简称硬盘）和光磁盘（简称光盘）。

磁盘驱动器是用于读出磁盘内容和向磁盘写入信息的硬件设备。软盘驱动器（简称软驱）和光盘驱动器（简称光驱）是独立的硬件设备，而硬盘驱动器是将硬盘与驱动器制成一个整体的硬件设备。

软驱和硬盘可以直接读、写数据信息，光驱分为只读光驱（CD/DVD）和可读写光驱（CDR/CD-RW、DVD±R/DVD±RW）。只读光驱只能从光盘读出数据信息，可读写光驱CD-R既可以读出光盘数据信息，也可以向 CD-R 一次性写入数据信息；可读写光驱CD-RW不但可以读出普通的光盘数据信息，还可以对 CD-RW 进行数据信息的读出和写入操作。

3）常用移动存储设备

（1）移动硬盘。移动硬盘是一种大容量的便携式硬盘，兼容性极好，在 PC 和笔记本电脑上都可使用，是目前使用较多的移动存储设备之一。

（2）Flash RAM。Flash RAM，俗称"闪存""闪盘"，是目前广泛流行的、面向个人用户的移动存储设备。"U 盘"是闪存的一种，它是一个使用 USB 接口、无须物理驱动器的微型高容量移动存储产品，可以通过 USB 接口与电脑连接，实现即插即用。U 盘具有价格较低、容量适中、体积小巧、性能可靠等特点。

Flash RAM 的发展速度非常快，目前的产品可以提供被主流 BIOS 所识别的 USB 外置软驱/软盘、硬盘功能，通过模拟 USB 软驱/软盘及 USB 硬盘，直接引导系统启动。还有一些产品具有内嵌式杀毒、数据恢复、硬件加密和写保护等功能。当然，移动存储设备的种类还有很多，在此就不一一赘述了。

4）启动文件资源管理器

右击"开始"按钮，在弹出的菜单中单击"文件资源管理器"，如图 1.3.14 所示；系统将会打开文件资源管理器窗口，如图 1.3.15 所示。

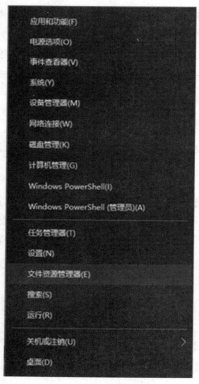

图 1.3.14　启动文件资源管理器的方法

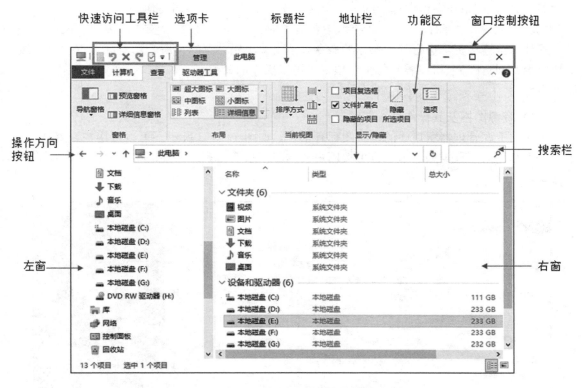

图 1.3.15　文件资源管理器窗口

　　文件资源管理器窗口还可以通过下列方法打开：

● 单击任务栏上的"文件资源管理器"图标按钮（如果已存在）。

● 按组合键 Win＋E 键。

5）文件资源管理器窗口的组成

　　文件资源管理器窗口主要由快速访问工具栏、标题栏、选项卡、功能区、操作方向按钮、地址栏、搜索栏以及左右两个窗口等构成。如图 1.3.15 所示，左边窗口称为资源、文件夹列表窗口（以下简称左窗）。右边窗口称为选定文件夹的列表窗口（以下简称右窗）。在左窗内选定某个文件夹，该文件夹内的全部内容都会出现在右窗。当文件资源管理器以非 Web 页方式设定时，地址栏以列表框的形式呈现左窗中的内容，以满足习惯于列表框操作的用户。功能区是文件资源管理器常用操作命令的集合，在使用文件资源管理器时应尽量利用快速访问工具栏和各种快捷方式。文件资源管理器右窗上方的"名称""类型""总大小"等按钮内容是文件夹或文件的属性信息。当单击这些按钮时，该窗内的文件夹和文件将依该项属性的编码顺序从小到大或从大到小重新排列。右击这些属性按钮则可以根据需要增加或删除属性项。

6）菜单命令

　　当在文件资源管理器左窗中选中"此电脑"时，菜单会显示 4 个选项卡，分别是"文件""计算机""查看""管理/驱动器工具"；如图 1.3.15 所示，当在左窗中选中一个逻辑盘符（如 C:），菜单会显示 5 个选项卡，分别为"文件""主页""共享""查看""管理/驱动器工具"；如果在左窗中选中的是一个文件夹，菜单会显示 4 个选项卡，分别是"文件""主页""共享""查看"。这些选项卡中包含了对文件夹（目录）、文件、磁盘、网络、外设等计算机连接资源进行基本操作的命令，单击菜单栏右侧的"展开功能区"按钮（或按快捷键 Ctrl＋F1），可以看到每个选项卡中可以操作的命令。

2. 文件与文件夹基本操作

1）资源图标及其操作

文件资源管理器窗口中的资源图标有很多，如图 1.3.16 所示。可以按用户喜好用小、中、大和超大 4 种类型显示，也可按用户使用习惯采取列表、详细信息、平铺和内容 4 种方式呈现。

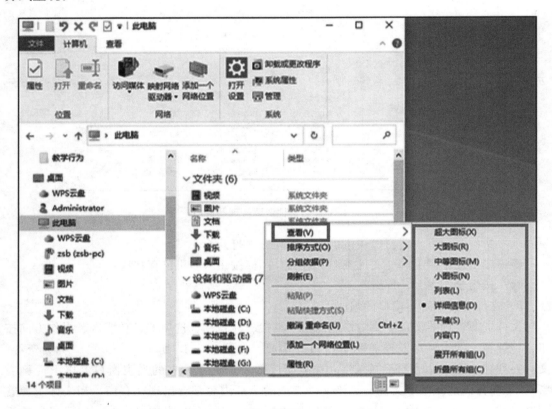

图 1.3.16　查看资源图标的方式

若在某个资源图标的左侧存在一个"＞"符号，则表示该资源内存在有上下隶属关系的其他资源。单击"＞"符号，便可展开上述的资源隶属关系，这一操作称为展开。若其内部仍有这种关系，则以此类推。被展开后的资源图标左侧的"＞"符号会变成一个"～"符号。单击"～"符号则会还原成展开前的样子，这一操作称为折叠。展开和折叠互为逆向操作。

2）新建文件夹

（1）启动文件资源管理器。

（2）右击左窗中要创建文件夹的根文件夹（如本地硬盘 D:）或上一级文件夹。

（3）在弹出的快捷菜单中移动鼠标指针至"新建"项，在弹出的下级菜单中选定"文件夹"项并单击，如图 1.3.17 所示。

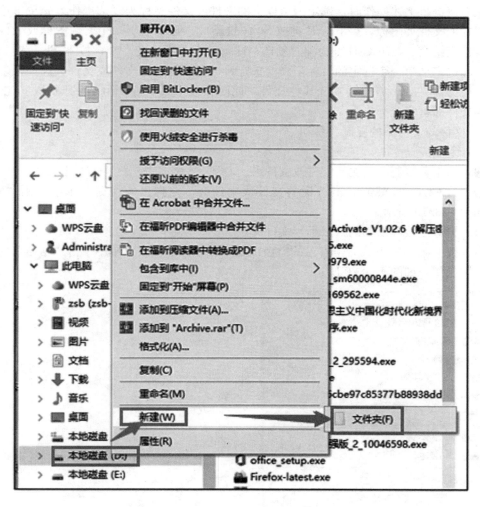

图 1.3.17　新建文件夹

（4）在被选定的根文件夹或上一级文件夹下面就会生成一个新的文件夹，文件夹名位置为被加亮可输入状态，如图 1.3.18 所示。

图 1.3.18　显示新建的文件夹

（5）输入自定义的新文件夹名（如 My Pic）后按回车键（Enter 键），就会在 D 盘下创建一个新的文件夹"My Pic"。

（6）如果不输入新文件夹名而直接按 Enter 键，则创建的新文件夹名为"新建文件夹"。

3）文件与文件夹的选定

　　单击文件名图标或文件夹图标即可选定该文件或该文件夹。文件名或文件夹名被加亮且被选定的文件夹内的相关信息自动显示于右窗。

　　在右窗进行上述操作时，选定两个以上的文件或文件夹称为复选操作。先单击第一个文件图标或文件夹图标，按下 Ctrl 键或 Shift 键不放，再单击下一个文件图标或文件夹图标直至选定结束。按下 Ctrl 键为独立复选，即每单击一次选定一个；按下 Shift 键为连续复选，即选定从第一个选定的目标至当前选定目标之间的所有文件或文件夹。如果复选部分文件或文件夹后还需连续复选其他文件，此时在按下 Ctrl＋Shift 键的同时，单击需要选定的文件即可完成操作。

　　4）文件与文件夹的复制和移动

　　（1）复制。

● 选定要复制的（源）文件或文件夹。

● 按 Ctrl＋C 键或右击选定的文件或文件夹，在弹出的快捷菜单中单击"复制"项，如图 1.3.19 所示。

● 再选定接收复制的（目标）文件夹。

● 按 Ctrl＋V 键或右击右窗的空白区域，在弹出的快捷菜单中单击"粘贴"项即可完成复制操作，如图 1.3.20 所示。

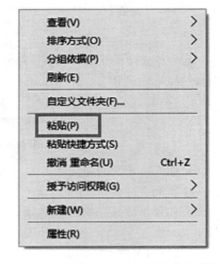

图 1.3.19　复制文件或文件夹快捷菜单　　　　图 1.3.20　粘贴文件或文件夹快捷菜单

　　如果文件资源管理器的左窗内既有要复制的（源）文件夹，也有接收复制的（目标）文件夹，则可以用更简洁的操作方法：

● 　选定要复制的（源）文件或文件夹。

● 　按下 Ctrl 键不放，使用鼠标拖拽被选定的文件或文件夹至接收复制的（目标）文件夹后释放鼠标按键和 Ctrl 键即可。

　　但是，使用该方法时，如果 Ctrl 键配合不好容易变成移动，在拖放的过程中如果控制不好容易将要复制的（源）文件或文件夹粘贴到别的文件夹中。

（2）移动。

● 　选定要移动的（源）文件或文件夹。

● 　使用鼠标拖拽被选定的文件或文件夹至接收的（目标）文件夹后释放鼠标按键即可。

　　建议用快捷键 Ctrl ＋X（剪切）和快捷键 Ctrl＋V（粘贴）执行移动的操作，拖拽的方法容易出现失误。

　　5）文件与文件夹的更名

● 　选定文件或文件夹。

● 　按 F2 键或右击选定的文件或文件夹，在弹出的快捷菜单中选择"重命名"选项，如图 1.3.21 所示。

● 　选定的文件名或文件夹名被加亮显示且有光标闪烁表示可以更名，此时可以修改或输入新文件名或新文件夹名，再按 Enter 键确认更名。

图 1.3.21　重命名文件或文件夹

如果只对右窗中的文件或文件夹更名,可以使用更简单的方法:

● 选定右窗中的文件或文件夹,再单击文件名或文件夹名。但该操作方法容易出现失误而变成双击。

● 选定的文件名或文件夹名被加亮显示且有光标闪烁表示可以更名,输入新文件名或新文件夹名,按 Enter 键确认更名。

6)文件与文件夹的删除和恢复

(1)文件或文件夹的删除。

● 选定要删除的文件或文件夹。

● 按 Delete 键,或单击标准工具栏中的"删除"按钮,显示如图 1.3.22 所示相关选项。

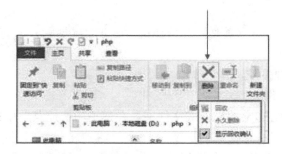

图 1.3.22　"删除"按钮

● 选择任何一项,会弹出"删除文件"对话框,如图 1.3.23 所示,单击"是"按钮,选定的文件或文件夹将被操作系统从选定的文件夹转移到回收站存放。这时从当前工作的文件夹来看,选定的文件或文件夹确实已不存在,因而这种删除被称为逻辑删除。

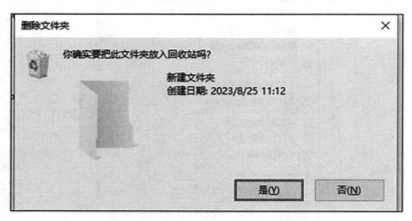

图 1.3.23　"删除文件"对话框

注意:当删除的目标是一个文件夹时,处于该文件夹内部的所有文件夹和文件都将被删除。

(2)回收站。回收站实际上也是一个文件夹,用于存放被逻辑删除的文件和文件夹。

● 已删除文件或文件夹的恢复。对确实属于被误删除的文件或文件夹可通过以下操作恢复:

双击桌面上的"回收站"图标，打开"回收站"窗口，在右窗中右击需要恢复的文件或文件夹，则会弹出快捷菜单，在快捷菜单中选择"还原"项，如图 1.3.24 所示，即可将选定的文件或文件夹恢复至删除前的存放位置。

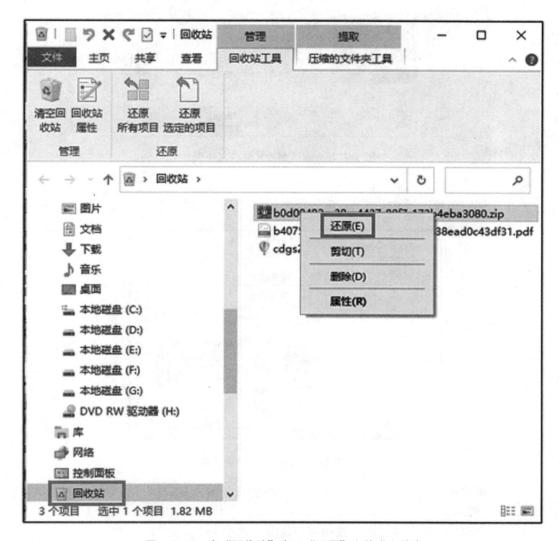

图 1.3.24　在"回收站"窗口"还原"文件或文件夹

● 物理删除文件或文件夹。为了避免磁盘空间被大量垃圾信息占用，应定期对存放在"回收站"内的文件或文件夹进行真正的删除，这种删除称为物理删除。

打开"回收站"，在右窗中右击需要物理删除的文件或文件夹。

在弹出的快捷菜单中单击"删除"项，就会打开"文件（夹）删除"确认对话框，如图 1.3.25 所示，单击"是"按钮，则被选定的文件或文件夹就会从硬盘中彻底删除。

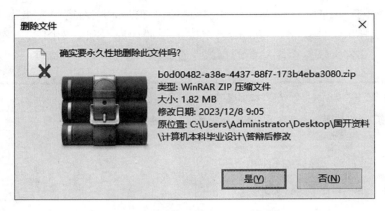

图 1.3.25　永久删除文件或文件夹

● 全部清空回收站的操作如下：

右击文件资源管理器左窗内的"回收站"图标，会弹出快捷菜单。如图 1.3.26 所示。

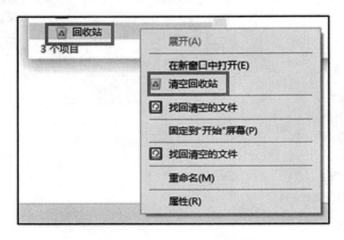

图 1.3.26　"回收站"快捷菜单

在快捷菜单中，选择"清空回收站"项，则会打开确认是否执行清空操作的对话框。如图 1.3.27 所示。

根据需要单击"是"或"否"按钮，确认清空操作或终止操作。

图 1.3.27　"清空回收站"对话框

7）隐藏和显示文件

● 打开文件资源管理器"查看"选项卡并选中需要隐藏的文件或文件夹。

● 单击"隐藏所选项目"按钮，即可完成隐藏操作。如图 1.3.28 所示。

● 如果需要显示被隐藏的文件或文件夹，勾选"隐藏的项目"可选项，再单击"隐藏所选项目"按钮，如图 1.3.29 所示，即可完成隐藏目标的显示操作。

图 1.3.28 "隐藏所选项目"按钮　　　　图 1.3.29 显示被隐藏的文件或文件夹

3. 查找文件

在查找文件前先了解什么是通配符。在计算机中，有两个十分重要的文件符号是星号"*"和问号"?"。这两个符号被称为"通配符"，它们可以代替其他任何字符。其中"*"可以代一个字符串，"?"则只能代替一个字符。

例如，输入"*A*.docx"，就可以将所有文件名中包含字母 A、以"docx"为扩展名的文件查找出来，输入"A??.docx"，将查找以字母 A 开头、文件名仅由 3 个字符组成（后两个字任意）、扩展名为".docx"的所有文件。

特别要注意，所输入的通配符"?"和"*"必须是英文字符，不能是中文的标点。不过，通配符既可代表西文字符，也可以代表汉字。

1）使用"开始"菜单查找文件

右击"开始"按钮，弹出"开始"快捷菜单，单击"搜索（S）"选项，弹出如图 1.3.30 所示对话框，在对话框底部的"搜索"文本框中键入需要查找的程序或文件名（可以带通配符），系统就会自动查找满足条件的文件并将其显示出来。

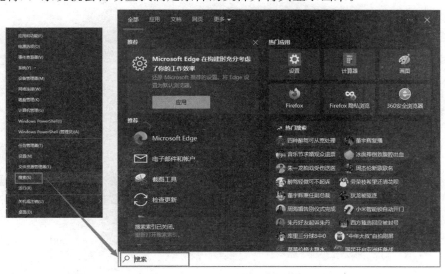

图 1.3.30 使用"开始"菜单查找文件

2）使用文件资源管理器查找文件

● 打开文件资源管理器。如图 1.3.31 所示。

● 单击左窗中要查找的文件所在的文件夹或磁盘符号甚至"此电脑"图标，在搜索栏中键入需要查找的文件名（可以带通配符），系统就会自动查找满足条件的文件并在右窗中将其显示出来。

图 1.3.31　使用文件资源管理器查找文件

第 2 章　办公软件的应用

2.1　Word 2021 文字处理软件

2.1.1　Word 2021 工作窗口

Word 2021 是 Office 2021 的组件之一，是一款文字处理软件，能够处理编辑图文混合的文档。安装完成后，可以从"开始"菜单选择并单击 Word 菜单项启动 Word 2021。

启动 Word 2021 后，会在屏幕打开其工作窗口，如图 2.1.1 所示。Word 2021 工作窗口主要包括快速访问工具栏、标题栏、窗口操作按钮、"文件"菜单、选项卡、功能区、标尺、滚动条、工作区、状态栏、视图按钮、显示比例尺等。

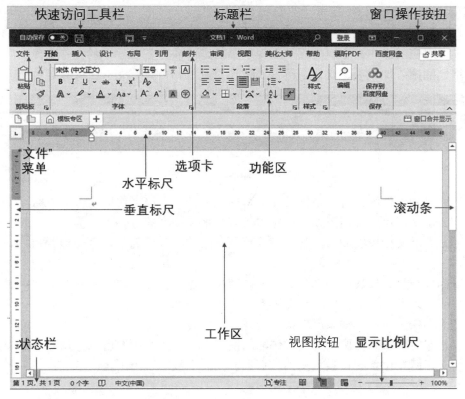

图 2.1.1　Word 2021 工作窗口

（1）快速访问工具栏。如图 2.1.2 所示，该工具栏默认显示 5 个常用的功能按钮，分别是自动保存、保存、撤销、恢复和发送到 PowerPoint，单击该工具栏右侧的"∨"按钮可以更改和添加功能按钮，也可以将本工具栏移至功能区下方显示。

图 2.1.2　快速访问工具栏

（2）标题栏。标题栏位于 Word 2021 工作窗口的顶端正中位置，如图 2.1.3 所示，标题栏显示的是当前文档名"文档 1"和正在使用的应用程序名"Word"。

图 2.1.3　标题栏

（3）窗口操作按钮。如图 2.1.4 所示，窗口操作按钮自左至右依次为"最小化""最大化/向下还原""关闭"按钮。

图 2.1.4　窗口操作按钮

（4）"文件"菜单。Word 2021 工作窗口共有 10 个选项卡，"文件"菜单作为选项卡之一，单击"文件"菜单，打开菜单后，可以对文档进行新建、打开、保存、打印等操作。

（5）功能区。功能区是与选项卡相对应的，选择不同的选项卡，功能区显示的是所选择的选项卡对应的操作命令组。图 2.1.5 所示的是"插入"选项卡的操作命令组，包括页面、表格、插图、加载项、媒体、链接、批注、页眉和页脚、文本、符号等功能区。

图 2.1.5　插入选项卡功能区

（6）标尺和工作区。有水平标尺和垂直标尺两种。文档工作区上方带有数字和刻度的水平条称为水平标尺。文档工作区最左边带有数字和刻度的垂直条称为垂直标尺。标尺中间白色部分表示文档可以输入内容的实际范围，两端的灰色部分是页面边距留白，无法输入内容。

水平标尺与垂直标尺白色部分的交叉区域是工作区。该区域是实际编辑文档的区域。

（7）滚动条。文档工作区的最右侧有一个垂直条称为垂直滚动条，下方有一个水平条称为水平滚动条。拉动滚动条可以快速查看文档内容。

（8）状态栏。状态栏位于文档工作区的最下方，如图 2.1.6 所示。从左到右显示的分别是当前光标所在位置的页数、文档总页数、文档字数、所用语言。

图 2.1.6　状态栏

（9）视图按钮和显示比例尺。在状态栏右侧有"阅读视图""页面视图""Web 版式视图"3 个视图按钮，如图 2.1.7 所示，单击它们可以快速进入相应的视图模式。

图 2.1.7　视图按钮和显示比例尺

视图按钮右侧是显示比例尺，拉动比例尺可以调节文档工作区显示内容的大小，显示比例大则显示内容较少，显示比例小则显示内容较多。也可以单击"100%"，在弹出的对话框中进行显示比例的设置。

2.1.2　Word 2021 文档建立并编辑

Word 2021 文档是以文件形式存放于磁盘中，文件扩展名为 DOCX，扩展名代表着文件的类型，一般不需要改动，不改扩展名就可以正常打开文档。本节主要通过一个案例"文档建立并编辑.docx"操作说明建立文档、输入文档内容、保存文档、编辑文档。

1．建立文档

打开 Word 2021，先选择【文件】菜单，再选择【新建】命令，最后单击【空白文档】。如图 2.1.8 所示，就可以建立一个名为"文档 1.docx"（文档 1.docx 为默认新建立的文档名），如图 2.1.9 所示，刚建立好的文档里面还没有内容，在里面输入内容即可。

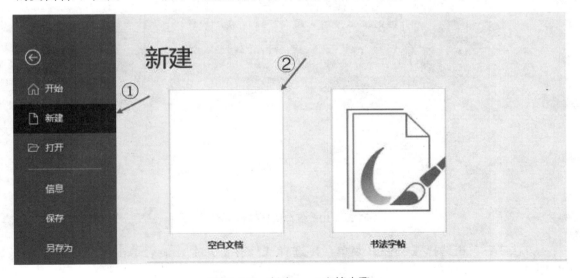

图 2.1.8　新建 word 文档步骤

图 2.1.9　新建立好的 word 文档

2. 保存文档

方法一：直接单击"快速访问工具栏"的【保存】按钮，如图 2.1.10 所示。

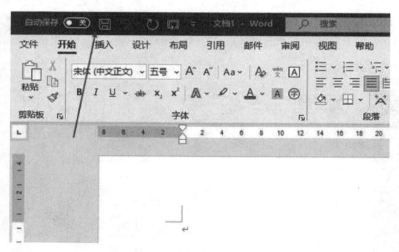

图 2.1.10　保存按钮保存文档

方法二：单击选择【文件】菜单，再选择【保存】命令，最后单击【浏览】，如图 2.1.11 所示。

对于首次保存的文档两种方法都可以在弹出的"另存为"对话框中先选择"保存位置"，再输入要保存的文件名（注意：不要改变文件名的扩展名 .docx），最后单击"保存"就可以完成文档的保存，如图 2.1.12 所示。（本例保存到"F：\ 教材案例 \ 123"文件夹下，文件名为"文档建立并编辑 .docx"）

注意：对于已经保存过的内容，直接按"快速访问工具栏"的"保存"按钮即可直接保存到原来位置。

图 2.1.11 文件菜单保存文档

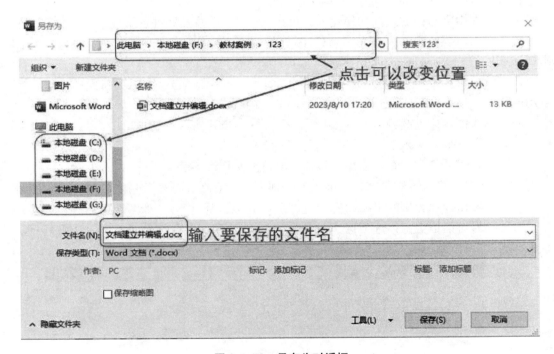

图 2.1.12 另存为对话框

3. 输入文档内容

打开上次保存的"文档建立并编辑.docx"文档，单击选择【文件】菜单，再选择【打开】命令，最后单击【浏览】，找到原先保存在电脑的"文档建立并编辑.docx"文档（本例在"F:\教材案例\123"文件夹下），最后单击"打开"就可以打开文档。

输入如图 2.1.13 所示的文字内容。

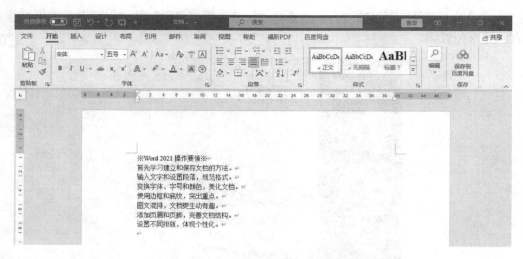

图 2.1.13　输入的文档内容

输入内容时请注意如下问题：

● 要在中文与西文之间切换输入，可用【Ctrl＋空格键】进行切换。

● 输入时要留意插入条光标"I"闪烁的位置，光标闪烁在哪里、输入的内容就会出现在那里。

● 输入时如发现有误，可用退格键（Backspace）删除光标"I"前面的有误内容，或用删除键（Delete）删除光标"I"后面的有误内容。

● 输入内容应连续输入，Word 会自动换行，当开始一个新段落时，可以输入回车键（Enter）；每敲一次回车键，就会产生一个新段落。

● 输入时要经常保存，以免因特殊情况造成文档内容丢失。

"※"符号的输入方法是选择【插入】选项卡，然后在【符号】功能区中单击"符号"旁的"∨"按钮，在弹出的下拉内容中选择"Ω 其他符号（M）"如图 2.1.14 所示，接着在弹出的符号对话框中字体选项选择"普通文本"，找到"※"符号并单击（选中），最后单击"插入"即可，如图 2.1.15 所示。

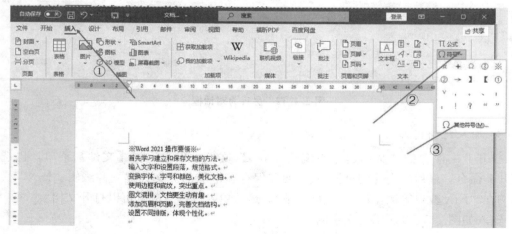

图 2.1.14　插入符号步骤

图 2.1.15　符号对话框

4. 编辑文档

本小节对"文档建立并编辑.docx"文档内容进行编辑，编辑具体要求如下。

（1）将第 1 段字符（标题）设为隶书、二号、加粗，居中对齐。

（2）将内容中的所有"文档"两个字替换为"word 文档"。

（3）将其余各段文字（正文）都设为楷体_GB2312、四号、蓝色，并添加编号。将第 5 段（正文第 4 段）文字（不含编号）添加底纹"深蓝、文字 2、淡色 60％"。

（4）将其余各段文字（正文）行距都设为固定值 25 磅。

（5）在页眉处插入"文档编辑练习"6 个字，在页脚处插入页码并居右对齐。

（6）设置文档背景为文字水印、文字内容为"操作要领"，其他不变。

（7）页面设置：纸张大小设为 32 开、方向设为横向、页边距上下各 2 厘米，其他不变。

编辑完成后效果如图 2.1.16 所示。

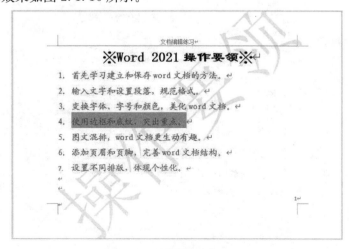

图 2.1.16　文档编辑最后效果

具体操作步骤如下。

（1）第一小题操作步骤。

①选中第一段标题，在第一段左边按下鼠标左键不放，拉动鼠标一直到第一段结束放开鼠标，选中后的第一段会以灰底显示，如图 2.1.17 所示。

图 2.1.17 选中第一段

②方法一：单击【开始】选项卡，通过【字体】功能区的"字体""字号""加粗"快捷按钮和【段落】功能区的"居中对齐"进行设置。如图 2.1.18 所示。

图 2.1.18 标题设置

方法二：通过"字体"和"段落"对话框设置。先按图 2.1.18 所示箭头分别单击【字体】和【段落】功能区右下角的"↘"，打开"字体"和"段落"对话框。设置如图 2.1.19 和图 2.1.20 所示，最后单击确定即可。

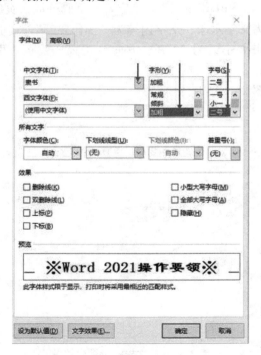

图 2.1.19 字体对话框

图 2.1.20　段落对话框

（2）第二小题操作步骤。

将光标定位在文档任何位置，单击【开始】选项卡【编辑】功能区中的"替换"按钮，打开"查找和替换"对话框，在"查找内容"文本框中输入"文档"，在"替换为"文本框中输入"word 文档"，如图 2.1.21 所示，最后单击"全部替换"按钮。

图 2.1.21　查找与替换对话框

出现替换结果对话框，如图 2.1.22 所示，完成替换。

图 2.1.22　替换结果

（3）第三小题操作步骤。

①选中除标题外的所有正文，按第二小题操作方法完成楷体、四号、蓝色设置，如图 2.1.23 所示。

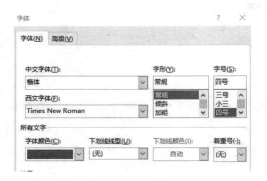

图 2.1.23　字体设置

②添加编号：单击【开始】选项卡【段落】功能区中的"编号"旁边的下拉按钮 "∨"，选择"定义新编号格式"，如图 2.1.24 所示。在弹出的"定义新编号格式"对话框中，选择编号样式并设置编号格式，如图 2.1.25 所示，最后单击确定。

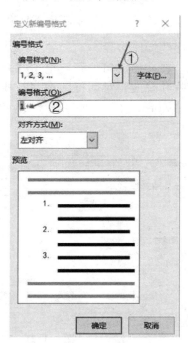

图 2.1.24　选择新编号格式　　　　图 2.1.25　定义新编号格式

③第 5 段添加底纹：选中第 5 段（不包括编号），单击【开始】选项卡【段落】功能区中的"边框"旁边的下拉按钮 "∨"，选择"边框和底纹"，如图 2.1.26 所示。在弹出的"边框和底纹"对话框中，选择"底纹"选项卡，在"填充"中选择"深蓝、文字 2、淡色 60%"颜色，应用于"文字"，如图 2.1.27 所示，最后单击确定。

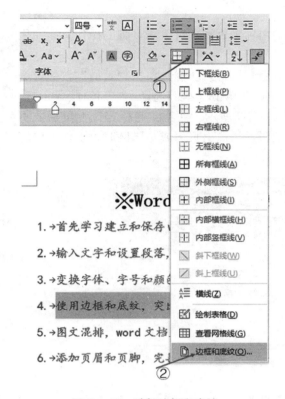

图 2.1.26　选择边框和底纹

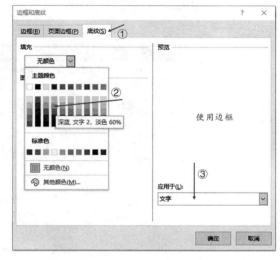

图 2.1.27　边框和底纹对话框

（4）第四小题操作步骤。

选中除标题外的所有正文，单击【开始】选项卡【段落】功能区右下角的"⬖"，打开"段落"对话框，设置行距为固定值 25 磅，如图 2.1.28 所示，最后单击确定。

图 2.1.28　段落设置

（5）第五小题操作步骤。

页面正文的顶部空白称为页眉，页面底部空白称为页脚。对页眉页脚的操作只能使用鼠标来完成。

①编辑页眉：单击【插入】选项卡，在【页眉和页脚】功能区单击"页眉"按钮，会弹出下拉菜单，在下拉菜单中选择需要的页眉样式并单击（本例选择"空白"版式），这时功能区会出现"页眉和页脚"选项卡，如图 2.1.29 所示。注意：光标定位在页眉或页脚区内时，工作区内容会灰色显示，说明不可编辑，当退出页眉或页脚区时，工作区内容才可以编辑。

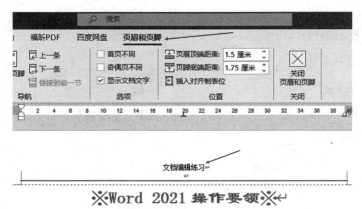

图 2.1.29　页眉

在如图 2.1.29 图中的位置输入"文档编辑练习"6 个字（不用双引号），输入完成后单击"页眉和页脚"选项卡的"关闭页眉和页脚"退出页眉和页脚，完成页眉的编辑。

②插入页码：单击【插入】选项卡，在【页眉和页脚】功能区单击"页码"下边的按钮"∨"，会弹出下拉菜单，在下拉菜单中选择"页面底端"后再单击"普通数字 3"版式，如图 2.1.30 所示，最后单击"关闭页眉和页脚"，即可插入页码并居右对齐。

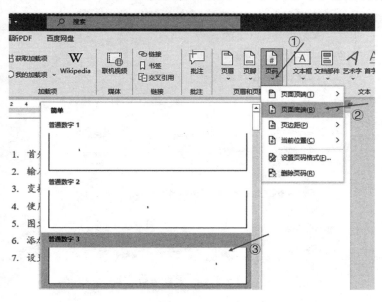

图 2.1.30　插入页码

（6）第六小题操作步骤。

水印是显示在文档内容后面的文字或图片。

单击【设计】选项卡，在【页面背景】功能区单击"水印"下边的按钮"∨"，会弹出下拉菜单中选择"自定义水印"，如图 2.1.31 所示，在弹出的"水印"对话框中的文字下拉框中输入"操作要领"，如图 2.1.32 所示，最后单击确定。

图 2.1.31 水印步骤

图 2.1.32 水印对话框

（7）第七小题操作步骤。

单击【布局】选项卡，在【页面设置】功能区单击右下角"↘"，在弹出"页面设置"对话框中选择"页边距"选项卡在纸张方向、页边距上、下中设置如图2.1.33所示，选择"纸张"选项卡在纸张大小中设置如图2.1.34所示，最后完成本案例的所有编辑。

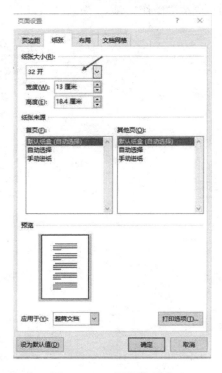

图2.1.33　页边距选项卡　　　　　　图2.1.34　纸张选项卡

2.1.3　Word 2021 图表处理

本节主要在上一个案例"文档建立并编辑"结果之上操作说明word中图形与表格的编辑处理。打开上一案例结果"文档建立并编辑.docx"，另存为"图表处理.docx"，在"图表处理.docx"文档中按以下操作步骤完成相应编辑处理。编辑具体要求如下。

（1）图片。

①在第2段文字"规范格式。"后插入名为"风车.wnf"的图片（该图片在配套资源文件夹下，也可以自己准备图片）。

②设置图片的大小为：高度2厘米、宽度2.3厘米。

③设置图片的文字环绕方式为四周型。

④设置图片的位置为：水平对齐"绝对位置，页边距、右侧4.5厘米"；垂直对齐"绝对位置，页边距、下侧1.3厘米"。

（2）艺术字。

①在第7段文字"体现个性化。"后插入艺术字，"艺术字"样式为第3行第3列，内容为"表格"。

②设置艺术字的字号为二号，把艺术字拖动到本行后面。

（3）表格。

①在文章的最后插入下列文字和表格：（其中合计列的数值要用公式求出）

老年教育月统计表（人数）

课程类型	一月	二月	三月	合计
书法	21	23	20	
合唱	17	19	21	
舞蹈	18	15	19	

②在"合计"列前插入一列，输入内容："四月、19、18、22"，然后对"合计"列的数值作调整。

③将表格第一行的高度设为1厘米的固定值。

④将所有单元格内容设为中部居中对齐。

⑤将表格内侧框线设为1磅的单实线，外侧框线设为1.5磅的红色双实线。

完成图形的编辑处理后效果如图2.1.35所示。

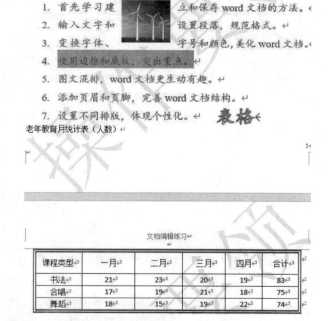

图 2.1.35　图表处理结果

具体操作步骤如下：

（1）第一小题（图片）操作步骤。

①把光标定位到第2段文字"规范格式。"后，单击【插入】选项卡，在【插图】功能区单击"图片"下边的按钮"∨"，在弹出的下拉菜单中单击"此设备"，如图2.1.36

所示。此时会弹出"插入图片"对话框，在对话框中找到图片（本例存放于"F：\ 教材案例 \ 123"文件夹下）并单击"插入"，如图 2.1.37 所示。

图 2.1.36　插入图片步骤

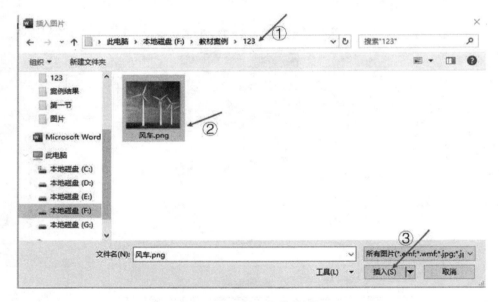

图 2.2.37　插入图片对话框

②单击（选中）图片，此时图片四周会出现 8 个圆点，如图 2.1.38 所示，单击【图片格式】选项卡，在【大小】功能区单击右下角"↘"，此时会出现"布局"对话框，在对话框的高度中输入

图 2.1.38　图片选中

2、宽度输入 2.3，把"锁定纵横比"前面的勾去掉，就可以不按图片原来的比例改变图片大小，如图 2.1.39 所示，最后单击确定。

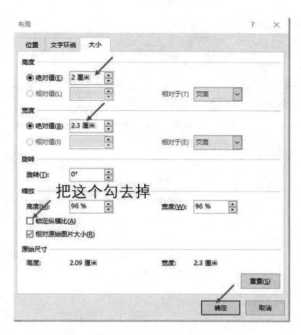

图 2.1.39 布局对话框

③单击【图片格式】选项卡，在【排列】功能区单击"文字环绕"下边的按钮"∨"，在弹出的下拉菜单中单击"四周型"，如图 2.1.40 所示。

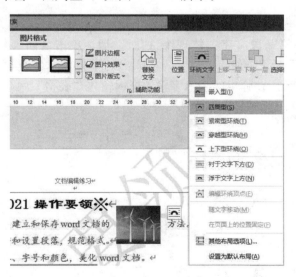

图 2.1.40 文字环绕

④单击【图片格式】选项卡，在【排列】功能区单击"位置"下边的按钮"∨"，在弹出的下拉菜单中单击"其他布局选项"，如图 2.1.41 所示。此时会出现"布局"对话框，在对话框单击"位置"选项卡，在水平和垂直位置按图 2.1.42 设置，最后单击确定。

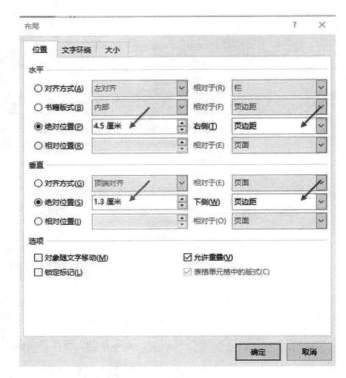

图 2.1.41　图片位置步骤　　　　　　**图 2.1.42　位置选项卡**

（2）第二小题（艺术字）操作步骤。

①把光标定位到第 7 段文字"体现个性化。"后，单击【插入】选项卡，在【文本】功能区单击"艺术字"下边的按钮"∨"，在弹出的下拉艺术字样式中单击"第 3 行第 3 列"，如图 2.1.43 所示。在弹出的艺术字输入框内输入"表格"两个字。

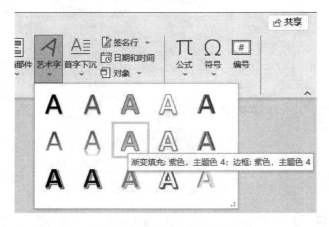

图 2.1.43　插入艺术字步骤

②选中"表格"艺术字，单击【开始】选项卡，在【字体】功能区的"字号"选择二号，如图 2.1.44 所示。最后拖动艺术字到本行后面。

图 2.1.44　艺术字号

（3）第三小题（表格）操作步骤。

①在下一行输入"老年教育月统计表（人数）"后按回车开始一个新段落，单击【插入】选项卡，在【表格】功能区单击"表格"下边的按钮"∨"，在弹出的下拉格中拖动鼠标选择 4 行 5 列表格，如图 2.1.45 所示。这时会插入一个 4 行 5 列的表格，如图 2.1.46 所示。最后在表格中输入题目中要求的内容，如图 2.1.47 所示。

图 2.1.45　拖动插入表格

↵	↵	↵	↵	↵
↵	↵	↵	↵	↵
↵	↵	↵	↵	↵
↵	↵	↵	↵	↵

图 2.1.46　表格

课程类型	一月	二月	三月	合计
书法	21	23	20	
合唱	17	19	21	
舞蹈	18	15	19	

图 2.1.47 输入内容后表格

②光标放到"合计"一列上，这时光标会闪烁，单击【布局】选项卡，在【行和列】功能区单击"在左侧插入"，如图 2.1.48 所示，即可以在合计前插入一个空白的新列，如图 2.1.49 所示。在该列输入内容"四月、19、18、22"，结果如图 2.1.50 所示。

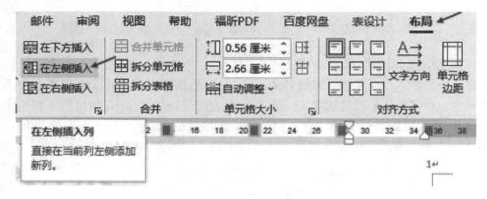

图 2.1.48 插入列

课程类型	一月	二月	三月		合计
书法	21	23	20		
合唱	17	19	21		
舞蹈	18	15	19		

图 2.1.49 完成插入列

课程类型	一月	二月	三月	四月	合计
书法	21	23	20	19	
合唱	17	19	21	18	
舞蹈	18	15	19	22	

图 2.1.50 插入列后输入内容

把光标定位到合计列的第二行（书法行），单击【布局】选项卡，在【数据】功能区单击"公式"，如图 2.1.51 所示，在弹出的对话框中"公式"文本框输入"=SUM(LEFT)"，其中 SUM 的意思是求和，LEFT 是左边的意思，即是对左边求和。用同样的方法完成剩下两行（合唱、舞蹈行）的求和，结果如图 2.1.52 所示。

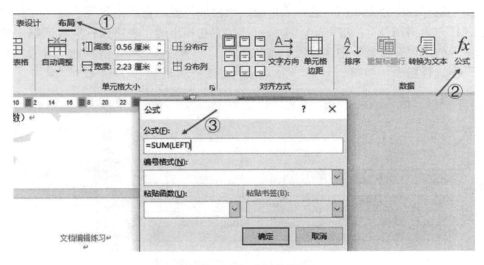

图 2.1.51　合计步骤

课程类型	一月	二月	三月	四月	合计
书法	21	23	20	19	83
合唱	17	19	21	18	75
舞蹈	18	15	19	22	74

图 2.1.52　合计结果

③拉动鼠标选中表格第一行（标题行），这时该行会以灰色底色显示，单击【布局】选项卡，在【单元格大小】功能区"高度"文本框中输入"1 厘米"，如图 2.1.53 所示。

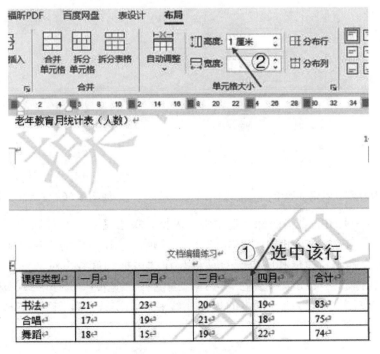

图 2.1.53　行高度设为 1 厘米

④拉动鼠标选中整个表格，这时表格会以灰色底色显示，单击鼠标右键，在弹出右键菜单中选择"表格属性"，如图2.1.54所示。接着在弹出的"表格属性"对话框中的"表格"选项卡的"对齐方式"中选择居中，如图2.1.55所示，"单元格"选项卡的"垂直对齐方式"中选择居中，如图2.1.56所示，最后单击"确定"。

图 2.1.54　选择表格属性

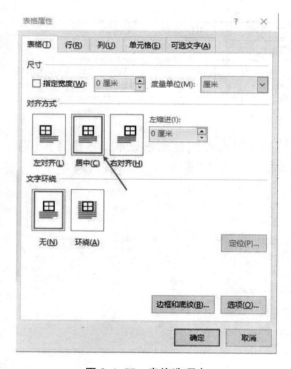

图 2.1.55　表格选项卡

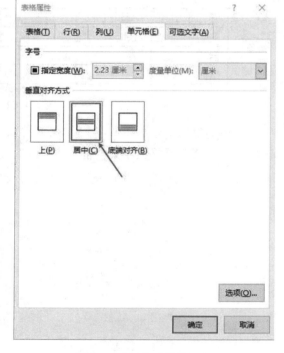

图 2.1.56　单元格选项卡

⑤单击表格左上角的表格图标，选中整个表格，单击【开始】选项卡，在【段落】功能区单击"边框"右边的按钮"∨"，如图2.1.57所示，在弹出的下拉菜单中选择"边框和底纹"，这时会弹出"边框和底纹"对话框。在"边框和底纹"对话框的"边框"选项卡的"样式"选择"单实线"，"颜色"选择"黑色"，"宽度"选择"1.0磅"，接着分别双击（快速单击两次）右边预览框中的横向实线和竖向实线，如图2.1.58所示，最后单击"确定"。

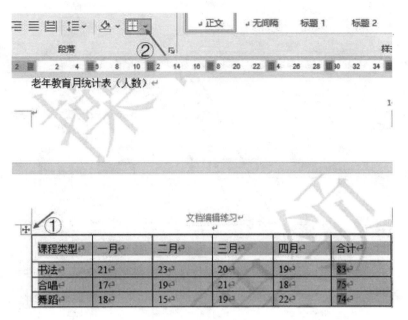

图 2.1.57　边框步骤

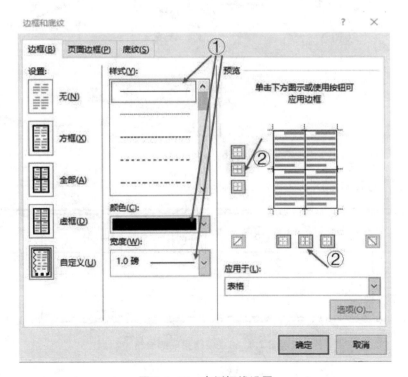

图 2.1.58　内侧框线设置

在"边框和底纹"对话框的"边框"选项卡的"样式"选择"双实线","颜色"选择"红色","宽度"选择"1.5 磅",接着分别双击(快速单击两次)右边预览框中的上、下外框线和左、右外框线,如图 2.1.59 所示,最后单击"确定"。

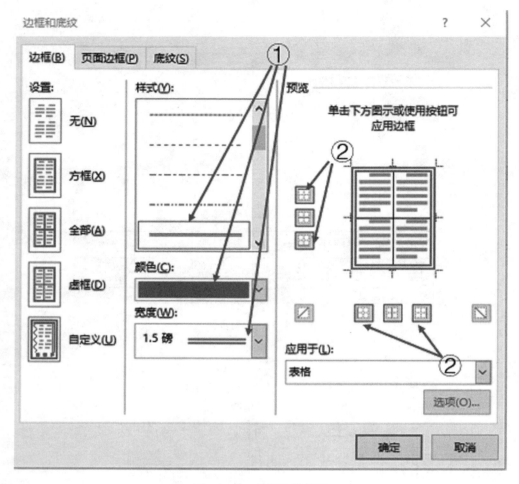

图 2.1.59　外侧框线设置

最终完成后的表格如图 2.1.60 所示。

课程类型	一月	二月	三月	四月	合计
书法	21	23	20	19	83
合唱	17	19	21	18	75
舞蹈	18	15	19	22	74

图 2.1.60　最终完成的表格

2.1.4　Word 2021 样式

Word 2021 程序中预先设置了一些样式，包括正文、标题、副标题、强调、要点、引用、参考、页眉、页脚等，可以直接把这些样式适用于自己的文档，如果这些样式不能完全满足文档的需要，可以对这些样式进行修改，或者创建新的自定义样式。

单击【开始】选项卡，在【样式】功能区单击"↘"，会弹出 Word 2021 程序预设的样式，如图 2.1.61 所示。预设样式对话框左下角的三个按钮分别是"新建样式""样式检查器""管理样式"。

（1）应用样式。

选中要应用样式的段落，再单击样式对话框的某个样式即可应用该样式。

（2）创建样式。

单击样式对话框左下角的"新建样式"按钮，会弹出"根据格式化创建样式"对话框，如图 2.1.62 所示。在"根据格式化创建样式"对话框的"属性"区的"名称"输入"段落 1"，单击左下角"格式"旁边倒三角形"▼"会弹出可以设置的"字体""段落""制表位""边框"等，选择并单击即可打开相应的对话框进行设置，本例选择"字体"，在打开的"字体"对话框设置字号为"三号"，设置完成后"确定"退出字体对话框，再次单击"确定"即可完成样式的创建，这时样式对话框会出现已经创建"段落 1"样式，如图 2.1.63 所示。

图 2.1.61　预设的样式

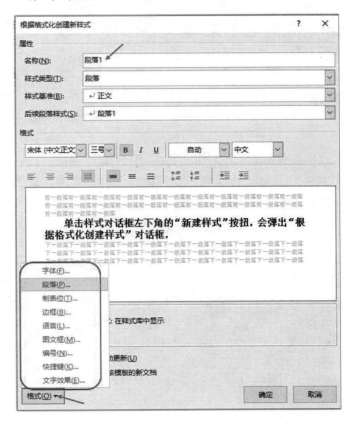

图 2.1.62　创建样式

图 2.1.63　创建完成段落 1 样式

（3）修改样式。

单击要修改的样式名称"段落1"右边的倒三角形"▼"，在弹出的下拉菜单选择"修改"，如图 2.1.64 所示，在弹出的"修改样式"对话框对样式内容进行相应的设置（可以像创建样式一样设置），单击"确定"即可完成样式的修改。

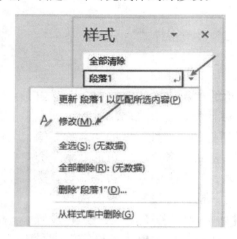

图 2.1.64　修改样式

2.2　Excel 2021 电子表格软件

2.2.1　Excel 数据处理与分析

1. Excel 的基本知识

Excel 2021 是微软公司推出的办公套件 Microsoft Office 2021 中的重要成员。Excel 2021 作为当前流行的电子表格处理软件，广泛地应用于财务、统计、营销、管理、教学、科研等各种需要进行数据搜集整理、分析和处理的领域，是日常从事数据处理工作的办公人员的有力工具。

1）Excel 的启动与退出

（1）Excel 的启动。

启动 Excel 2021 的方法主要有以下 3 种。

方法一：使用"开始"菜单启动。单击【开始】→【Excel】按钮，如图 2.2.1 所示，即可启动 Excel 2021。

方法二：使用桌面快捷方式启动。如果桌面上有"Excel"快捷图标，如图 2.2.2 所示，可直接双击该快捷图标启动 Excel。

"开始"菜单→

图 2.2.1　利用"开始"菜单启动 Excel

图 2.2.2　利用快捷图标启动 Excel

方法三：利用 Excel 已创建的文档启动。双击由 Excel 创建的文档（＊.xls、＊.xlsx），可以启动 Excel，并同时打开该文档。

（2）Excel 的退出。

退出 Excel 2021 的方法有多种，最常用的方法如下。

方法一：使用标题栏的"关闭"按钮退出。单击 Excel 2021 窗口标题栏右上角的"关闭"按钮，也可退出 Excel 2021。如图 2.2.3 所示。

图 2.2.3　使用标题栏的"关闭"按钮退出 Excel

方法二：按键盘的 ALT＋F4，也可以快速关闭。如图 2.2.4 所示。

图 2.2.4　利用快捷图标关闭 Excel

2）Excel 的工作界面

当启动 Excel 2021 后，就会在屏幕上出现 Excel 的工作界面。如图 2.2.5 所示。

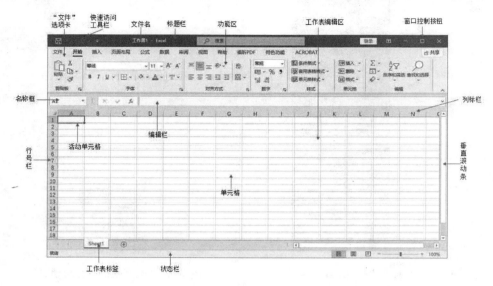

图 2.2.5　Excel 2021 的工作界面

（1）标题栏：默认状态下，标题栏位于 Excel 窗口顶部，主要包含快速访问工具栏、文件名和窗口控制按钮。

（2）快速访问工具栏：位于标题栏左侧，默认的快速访问工具栏包含【保存】【撤销】【恢复】命令。单击快速访问工具栏右边的下拉箭头，在弹出的下拉列表菜单中，可以自定义快速访问工具栏的命令。

（3）"文件"选项卡："文件"选项卡是位于标题栏下方左侧的一个选项卡。单击"文件"选项卡可显示如图 2.2.6 所示，其中包含文件操作、打印操作等常用命令。

（4）功能区：功能区主要由选项卡、组合命令按钮等组成。通常情况下，Excel 工作组界面中显示开始、插入、页面布局、公式、数据、审阅以及视图等常用选项卡。

（5）活动单元格：活动单元格是指工作表中被选定的单元格，也是工作表当前进行数据输入和编辑的单元格，一般以粗框表示。如图 2.2.5 中的单元格 A1 就是活动单元格。

（6）名称框：名称框中显示的是当前活动单元格的地址或单元格定义的名称、范围和对象。

（7）编辑栏：编辑栏用来显示和编辑当前活动单元格的数据和公式。

（8）工作表编辑区：工作表编辑区是用户用来输入、编辑以及查询的区域。主要由行标识、列标识、表格区、滚动条和工作表标签组成。

图 2.2.6　"文件"
选项卡

（9）工作表标签：用于显示工作表名。默认情况下，当前工作表标签底色为白色，而非当前工作表标签底色为灰色。

（10）状态栏：用于显示所选单元格或单元区域数据的状态，如平均值、计数、最大值、最小值、求和值、显示比例等。

3）Excel 的基本概念

（1）工作簿。

工作簿是指在 Excel 环境中用来储存并处理工作数据的文件，在工作簿中，可以拥有多张具有不同类型的工作表，当启动 Excel 文档时，就会自动打开工作簿，一个工作簿内最多可以有 255 个工作表，工作簿内除了可以存放工作表外，还可以存放宏表、图表等。一个工作簿内，可以有数个工作表，即可以同时处理多张工作表。

（2）工作表。

工作表是最多可由 1048576 行和 16384 列所构成的电子表格，它能够存储文本、数值、公式、图表、声音等信息。

（3）单元格。

单元格是工作表存储信息的基本单元，是 Excel 数据处理的最小操作对象。工作表中的单元格按所在行、列位置命名，其中行号用数字标识，自上而下依次为 1、2、3、…、1048576；列标用英文字母标识，由左到右依次为 A、B、C、…、XFD，共 16384 列。例如，单元格 B3，指位于第 3 行第 B 列交叉点上的单元格。

2. Excel 工作表的建立与编辑

1）建立工作表实例

启动 Excel 2021 后，出现如图 2.2.7 所示界面，单击"空白工作簿"后屏幕上出现主界面窗口，此时系统自动建立并打开一个名为"工作簿 1"的电子工作簿文件，它同时自动生成一个工作表标签为 Sheet1，如图 2.2.8 所示。

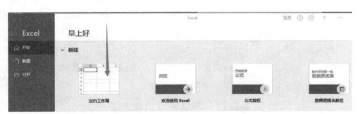

图 2.2.7　建立工作表

图 2.2.8　新工作簿

下面利用图 2.2.9 的职工明细表，在 Sheet1 电子工作表中从 A1 单元格到 K10 单元格所构成的矩形区域内，介绍输入和编辑数据的方法，建立对应的电子数据表格。

	A	B	C	D	E	F	G	H	I	J	K
1	职工明细表										
2	序号	职工号	姓名	性别	出生日期	联系电话	职称	基本工资	内部津贴	医保扣除	实发工资
3	1	013	刘华	男	1956年8月16日	13301016553	教授	¥4,520.00	¥1,260.00	¥60.00	
4	2	025	赵东红	男	1962年3月7日	13802078565	副教授	¥4,180.00	¥1,080.00	¥50.00	
5	3	056	张晓玲	女	1972年5月18日	13901035159	副教授	¥3,890.00	¥1,080.00	¥50.00	
6	4	083	蒋文	男	1966年2月8日	13501547136	讲师	¥3,840.00	¥920.00	¥40.00	
7	5	102	张芬	女	1964年12月5日	13652742068	副教授	¥4,109.00	¥1,080.00	¥50.00	
8	6	113	黄艳平	男	1980年5月9日	13802013818	讲师	¥3,650.00	¥920.00	¥40.00	
9	7	136	陈章锋	男	1978年6月12日	13501013205	讲师	¥3,590.00	¥920.00	¥40.00	
10	8	212	李群	男	1975年12月6日	13701502652	讲师	¥3,780.00	¥920.00	¥40.00	

图 2.2.9　职工明细表

2）数据输入方法

在 Excel 2021 中，向单元格输入数据的方法可以选择从键盘直接输入，单元格中的数据可以是文本、数字、公式、日期、图形图像等类型。在单元格中输入数据的步骤如下：

①选定要输入数据的单元格，如 A1。

②在该单元格中输入数据"职工简明表"，如图 2.2.10 所示。如果单元格中的数据需要换行，可按 Alt＋Enter 键。

图 2.2.10　在 A1 中输入数据

③输入完成后，按 Enter 键，或按 Tab 键，或按光标移动键，或单击编辑栏左边的"输入"按钮（如图 2.2.11 所示），或单击工作表中的任意其他单元格均可确认输入。当然，如果要放弃输入，则可按 Esc 键或单击编辑栏左边的"取消"按钮取消输入（如图 2.2.11 所示）。

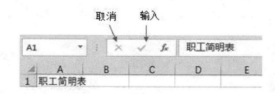

图 2.2.11　确认或取消输入数据

（1）输入文本。

Excel 中的文本是指字符、数字及特殊符号的组合。默认情况下，单元格中输入的文本是左对齐的。

当输入的文本超过单元格宽度时，默认情况下，若右侧相邻单元格中没有数据，则超出的文本会延伸到右侧单元格，如图 2.2.12 所示。加大列宽或设置单元格为自动换行后，可显示单元格全部内容。

图 2.2.12　输入长文本方法

当输入纯数字文本时，Excel 默认为数值，如输入数值"013"，则系统将自动显示"13"，即删除了最前面的"0"。如果需要保留前面的"0"，可在数字前添加一个英文单引号"'"，如"'013"。此时，单元格左上角会出现一个绿色三角标记，且左对齐，如图 2.2.13 所示。

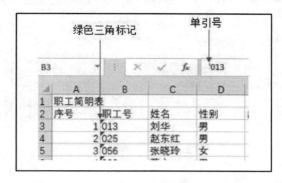

图 2.2.13 输入数字文本方法

（2）输入数值。

Excel 中数值的有效数字包含"0～9""＋""－"" （"")""/""＄""％""．""E""e"。在单元格中输入数值，只需选定单元格后直接输入即可。如果输入正数，则数字前面的"＋"可以省略；如果输入负数，则数字前应加一个负号"－"，或将数字放在半角的圆括号" （ ）"内。默认情况下，单元格中输入的数值是右对齐的。如图 2.2.14 所示。

图 2.2.14 输入数值方法

当单元格列宽大小不能显示整个数值时，将以符号"＃＃＃＃"或科学计数法的形式表示。如图 2.2.15 所示，当单元区域 F3：F10 输入联系电话 11 位数时，则显示"＃"，调整列宽则可显示完整的数值，如图 2.2.16 所示。

	A	B	C	D	E	F
1	职工明细表					
2	序号	职工号	姓名	性别	出生日期	联系电话
3	1	013	刘华	男	1956年8月16日	##########
4	2	025	赵东红	男	1962年3月7日	##########
5	3	056	张晓玲	女	1972年5月18日	##########
6	4	083	蒋文	男	1966年2月8日	##########
7	5	102	张芬	女	1964年12月5日	##########
8	6	113	黄艳平	女	1980年5月9日	##########
9	7	136	陈章锋	男	1978年6月12日	##########
10	8	212	李群	男	1975年12月6日	##########

图 2.2.15 输入长数值

	A	B	C	D	E	F
1	职工明细表					
2	序号	职工号	姓名	性别	出生日期	联系电话
3	1	013	刘华	男	1956年8月16日	13301016553
4	2	025	赵东红	男	1962年3月7日	13802078565
5	3	056	张晓玲	女	1972年5月18日	13901035159
6	4	083	蒋文	男	1966年2月8日	13501547136
7	5	102	张芬	女	1964年12月5日	13652742068
8	6	113	黄艳平	女	1980年5月9日	13802013818
9	7	136	陈章锋	男	1978年6月12日	13501013205
10	8	212	李群	男	1975年12月6日	13701502652

图 2.2.16　调整列宽后

（3）输入日期和时间。

在 Excel 中输入日期和时间时有格式要求，当输入日期时，可以用"/"或"一"分隔日期的各部分，如图 2.2.17 所示。当输入时间时，可以用"："分隔时间的各部分。如果要在同一单元格中同时输入日期和时间，必须在两者之间加一个空格。

依次用以上方法输入图 2.2.9 职工明细表中的所有内容。

3）数据编辑方法

（1）数据的修改与清除。

● 修改整个单元格内的数据。如果新数据与原数据完全不同或部分不同，可先选定要修改数据的单元格，直接输入正确的数据。输入完成后，按 Enter 键即可完成数据的修改。

● 修改单元格内的部分数据。在编辑栏修改数据。选定要修改数据的单元格。把插入点光标定位在编辑栏中需要修改的字符位置，通过按 Backspace 键或 Delete 删除错误的数据字符后，输入正确的数据。输入完成后，按 Enter 键即可完成数据的修改。

出生日期
1956/8/16
1962/3/7
1972/5/18
1966/2/8
1964/12/5
1980/5/9
1978/6/12
1975/12/6

图 2.2.17　日期格式

● 在单元格修改数据。双击要修改数据的单元格，进入单元格内部编辑状态，此时单元格中会出现插入光标。把插入点光标定位到需要修改的字符位置，通过按 Backspace 键或 Delete 键删除错的数据字符后，输入正确的数据。输入完成后，按 Enter 键即可完成数据的修改。

（2）数据的复制与移动。

方法一：使用鼠标拖动法复制或移动单元格数据。

● 选定要复制数据的单元格或单元格区城。把鼠标指针移至选定单元格的边框，按住 Ctrl 键，当鼠标指针形状变为右上角带十字空心箭头时，按住鼠标左键拖动到目标单元格，然后释放鼠标即可。

● 选定要移动数据的单元格或单元格区域。把鼠标指针移至选定单元格的边框，当鼠标指针形状变为带箭头的十字时，按住鼠标左键拖动到目标单元格，然后释放鼠标即可。

方法二：使用功能区按钮复制或移动单元格数据。

● 选定要复制数据的单元格或单元格区域。按快捷键 Ctrl＋C，或单击【开始】→【剪贴板】→"复制"按钮，将数据复制到剪贴板。选定目标单元格，按快捷键 Ctrl＋V，或单击【剪贴板】→"粘贴"按钮即可完成单元格数据的复制。如图 2.2.18 所示。也可以单击"粘贴"按钮下方的小箭头，展开"粘贴"选项。根据需要选择。其中单击"选择性粘贴"选项可以打开"选择性粘贴"对话框，在该对话框中可选择更多的"粘贴"选项，如图 2.2.19 所示。

图 2.2.18　"复制"与"粘贴"按钮

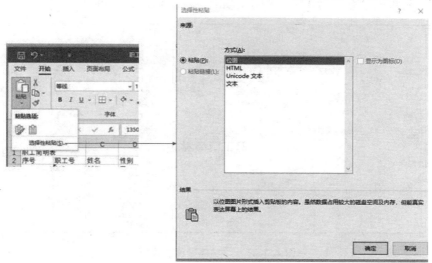

图 2.2.19 "选择性粘贴"选项

● 移动单元格数据。移动单元格数据操作与复制单元格数据操作基本相同，只是把单击【开始】→【剪贴板】→"复制"按钮，改为"剪切"按钮，将数据剪切到剪贴板。其余操作与复制单元格数据操作相同。可使用快捷键 Ctrl＋X。

（3）撤销和恢复操作。

在编辑过程中，如出现误操作时可以使用"撤销"功能来取消操作，也可以使用"恢复"功能取消撤销操作。具体操作方法如下。

● 撤销。按快捷键 Ctrl＋Z，或单击快速访问工具栏中的"撤销"按钮，即可撤销前一步的操作。单击快速访问工具栏中的"撤销"按钮右侧的小箭头，在展开的下拉列表中单击目标步数，即可撤销前几步操作。如图 2.2.20 所示。

● 恢复。单击快速访问工具栏中的"恢复"按钮，即可恢复前一步"撤销"操作。单击快速访问工具栏中的"恢复"按钮右侧的小箭头，在展开的下拉列表中单击目标步数，即可恢复前几步"撤销"操作。如图 2.2.20 所示。

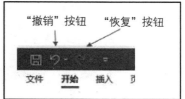

图 2.2.20　"撤销"与"恢复"按钮

3. 设置单元格格式

为了使工作表满足不同需要，可对工作表及单元格的格式进行设置，如设置数字分类、对齐方式、字体、边框和底纹等。

1）设置字体格式

设置字体格式的常用方法有以下两种。

（1）使用功能区按钮设置字体格式。

选定要设置格式的单元格或单元格区域，如表头合并单元格 A1。先选中单元区域 A1：K1。

单击"字体"选项右侧的小箭头，选中"黑体"；单击"字号"选项右侧的小箭头，选中"22"；再单击"合并后居中"按钮，如图 2.2.21 所示。

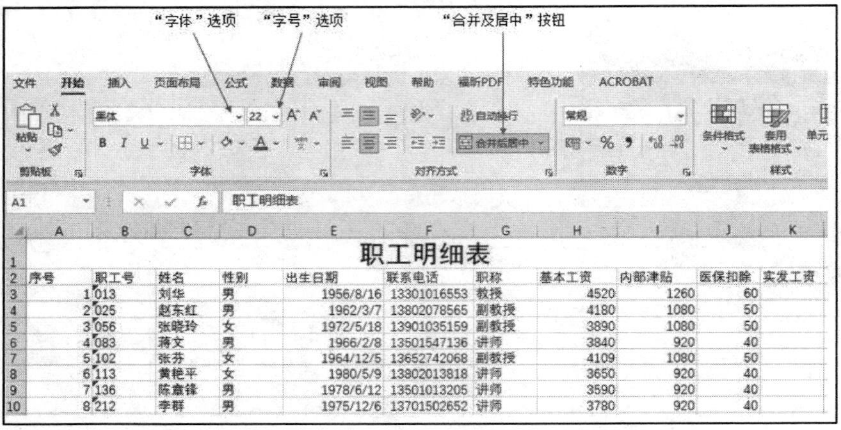

图 2.2.21　"字体"格式设置

（2）使用"设置单元格格式"对话框设置字体格式。

选定要设置格式的单元格区域，如单元格区域 A2：K10。按快捷键 Ctrl+1，或单击【开始】→【字体】右侧的小箭头，打开"设置单元格格式"对话框，如图 2.2.22 所示。

图 2.2.22　"字体"设置对话框

在该对话框中，选中"字体"下面列表中的"宋体"；选中"字号"下面列表中的"12"，单击"确定"按钮，效果如图 2.2.23 所示。另外根据需要还可以设置字形、下划线、颜色以及特殊效果等。

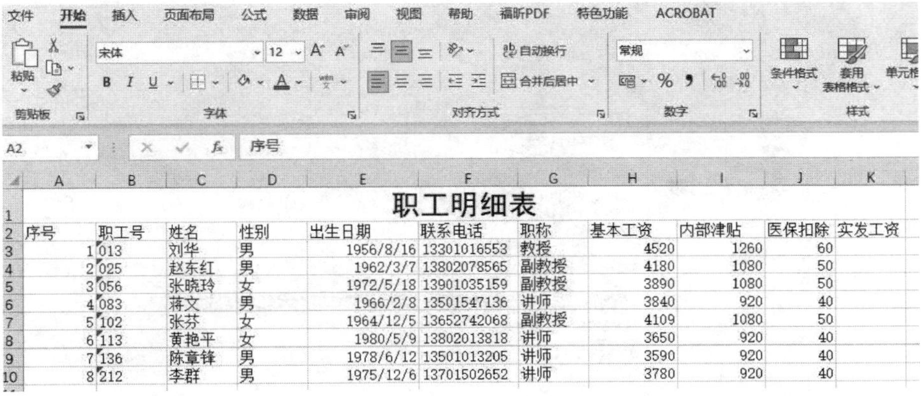

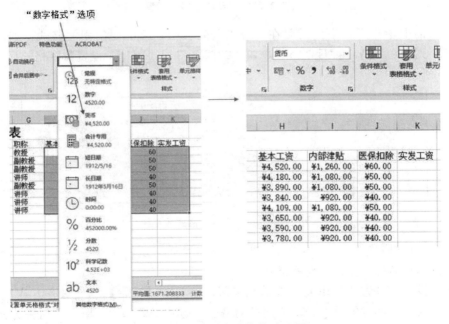

图 2.2.23　"字体"设置效果

2）设置数字格式

（1）使用功能区按钮设置数字格式。

选定要设置格式的单元格或单元格区域，单击【开始】→【数字】项，选择需要使用的数字格式。例如设置 H3：L10 单元区域数值为"货币"（¥4，231.00），先选定单元格区域 H3：K10，单击"数字格式"选项中的"货币"，设置及效果如图 2.2.24 所示。

图 2.2.24　"数字"格式设置

（2）使用"设置单元格格式"对话框设置数字格式。

选定要设置格式的单元格或单元格区域，如选定"出生年月"列的单元格区域

E3：E10。

按快捷键 Ctrl＋1，或单击【开始】→【数字】右侧的小箭头，打开"设置单元格格式"对话框，如图 2.2.25 所示。

图 2.2.25　"日期"格式设置

在该对话框中，可以根据需要在"分类"列表中，单击要使用的格式，如"日期"，在"类型"列表中选择一种日期格式，如"2012 年 3 月 14 日"，设置数字格式后的效果如图 2.2.26 所示。

职工明细表

序号	职工号	姓名	性别	出生日期	联系电话	职称	基本工资	内部津贴
1	013	刘华	男	1956年8月16日	13301016553	教授	¥4,520.00	¥1,260.00
2	025	赵东红	男	1962年3月7日	13802078565	副教授	¥4,180.00	¥1,080.00
3	056	张晓玲	女	1972年5月14日	13901035159	副教授	¥3,890.00	¥1,080.00
4	083	蒋文	男	1966年2月8日	13501547136	讲师	¥3,840.00	¥920.00
5	102	张芬	女	1964年12月5日	13652742068	副教授	¥4,109.00	¥1,080.00
6	113	黄艳平	女	1980年5月9日	13802013818	讲师	¥3,650.00	¥920.00
7	136	陈章锋	男	1978年6月12日	13501013205	讲师	¥3,590.00	¥920.00
8	212	李群	男	1975年12月6日	13701502652	讲师	¥3,780.00	¥920.00

图 2.2.26　"日期"格式效果图

3）设置对齐格式

（1）使用功能区按钮设置对齐格式。

选定要设置对齐方式的单元格或单元格区域，单击【开始】→【对齐方式】，选择需要的对齐方式，例如设置 A2：K2 为居中对齐。先选中 A2：K2，单击"对齐方式"项中的"居中"按钮，另外为了效果，再单击"字体"项中的"加粗"按钮，如图 2.2.27所示。

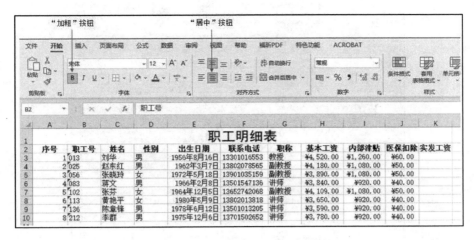

图 2.2.27　"居中"与"加粗"格式设置

（2）使用"设置单元格格式"对话框设置对齐格式。

选定要设置格式的单元格或单元格区域，如 A3：B10。按快捷键 Ctrl＋1，或单击
【开始】→【对齐方式】右侧的小箭头，打开"设置单元格格式"对话框，单击"对齐"
选项卡，如图 2.2.28 所示。在"水平对齐"列表中选中"居中"选项，在"垂直对齐"
列表中选中"居中"选项，然后单击"确定"按钮，同样方法设置单元区域 D3：D10 居
中对齐，如图 2.2.29 所示。

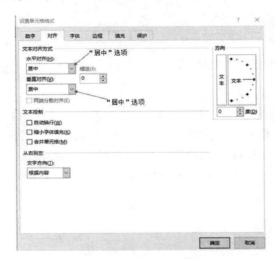

图 2.2.28　"设置单元格格式"对话框　　　图 2.2.29　"居中"设置效果图

4）设置边框格式

设置边框格式的常用方法有以下两种。

（1）使用功能区按钮设置边框格式。

选定要设置边框格式的单元格或单元格区域，如选定单元区域 A2：K10，单击【开
始】→【字体】中"下框线"列表中的"所有框线"，如图 2.2.30 所示，效果如图 2.2.31
所示。

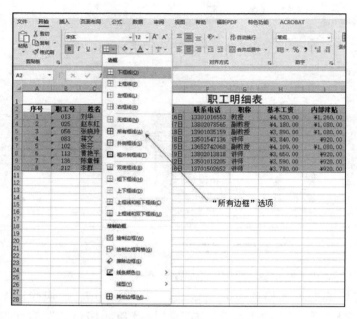

图 2.2.30　"边框"格式设置

序号	职工号	姓名	性别	出生日期	联系电话	职称	基本工资	内部津贴	医保扣除	实发工资
1	013	刘华	男	1956年8月16日	13301016553	教授	¥4,520.00	¥1,260.00	¥60.00	
2	025	赵东红	男	1962年3月7日	13802078565	副教授	¥4,180.00	¥1,080.00	¥50.00	
3	056	张晓玲	女	1972年5月18日	13901035159	副教授	¥3,890.00	¥1,080.00	¥50.00	
4	083	蒋文	男	1966年2月8日	13501547136	讲师	¥3,840.00	¥920.00	¥40.00	
5	102	张芬	女	1964年12月5日	13652742068	副教授	¥4,109.00	¥1,080.00	¥50.00	
6	113	黄艳平	女	1980年5月9日	13802013818	讲师	¥3,650.00	¥920.00	¥40.00	
7	136	陈章锋	男	1978年6月12日	13501013205	讲师	¥3,590.00	¥920.00	¥40.00	
8	212	李群	男	1975年12月6日	13701502652	讲师	¥3,780.00	¥920.00	¥40.00	

图 2.2.31　"边框"设置效果图

（2）使用"设置单元格格式"对话框设置边框格式。

选定要设置边框格式的单元格或单元格区域，按快捷键 Ctrl＋1，或单击【开始】→
【对齐方式】右侧的小箭头，打开"设置单元格格式"对话据，单击"边框"选项卡，可根据
需要设置线条样式和颜色（如单击"外边框"按钮和"内部"按钮），如图 2.2.32 所示。

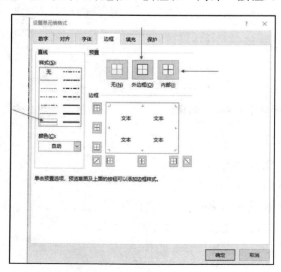

图 2.2.32　"设置单元格格式"对话框

5）调整行高和列宽

（1）使用鼠标调整行高或列宽。

将鼠标指针移至行号或列标的边界处，当鼠标指针形状变成上下双箭头或左右双箭头时，按住鼠标左键拖动即可简单调整行高或列宽。

（2）使用功能区按钮调整行高或列宽。

选定要调整行高或列宽的行、列、单元格或单元格区域，如单元区域 A2：K10。单击【开始】→【单元格】→"格式"按钮，单击在"单元格大小"下的"行高"或"列宽"进行调整即可。如图 2.2.33 所示，在"行高"右边的空白处输入"20"，按"确定"按钮，效果如图 2.2.34 所示。

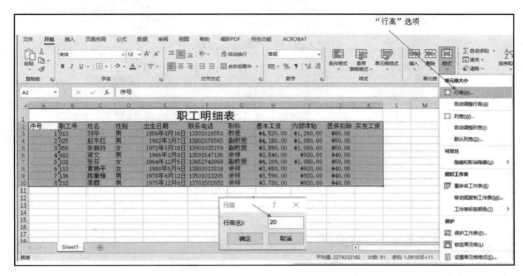

图 2.2.33　"行高"设置

序号	职工号	姓名	性别	出生日期	联系电话	职称	基本工资	内部津贴	医保扣除	实发工资
1	013	刘华	男	1956年8月16日	13301016553	教授	¥4,520.00	¥1,260.00	¥60.00	
2	025	赵东红	男	1962年3月7日	13802078565	副教授	¥4,180.00	¥1,080.00	¥50.00	
3	056	张晓玲	女	1972年5月18日	13901035159	副教授	¥3,890.00	¥1,080.00	¥50.00	
4	083	蒋文	男	1966年2月8日	13501547136	讲师	¥3,840.00	¥920.00	¥40.00	
5	102	张芬	女	1964年12月5日	13652742068	副教授	¥4,109.00	¥1,080.00	¥50.00	
6	113	黄艳平	女	1980年5月9日	13802013818	讲师	¥3,650.00	¥920.00	¥40.00	
7	136	陈章锋	男	1978年6月12日	13501013205	讲师	¥3,590.00	¥920.00	¥40.00	
8	212	李群	男	1975年12月6日	13701502652	讲师	¥3,780.00	¥920.00	¥40.00	

图 2.2.34　"行高"设置后效果图

（3）使用快捷菜单调整行高或列宽。

选定要调整行高或列宽的行、列，右击选中的区域（如 E 和 F 列）的任何地方，会弹出快捷菜单，单击"列宽"，在弹出的对话框输入需设置的值即可。如图 2.2.35 所示，在"列宽"右边的空白处输入"16"，按"确定"按钮，效果如图 2.2.36 所示。

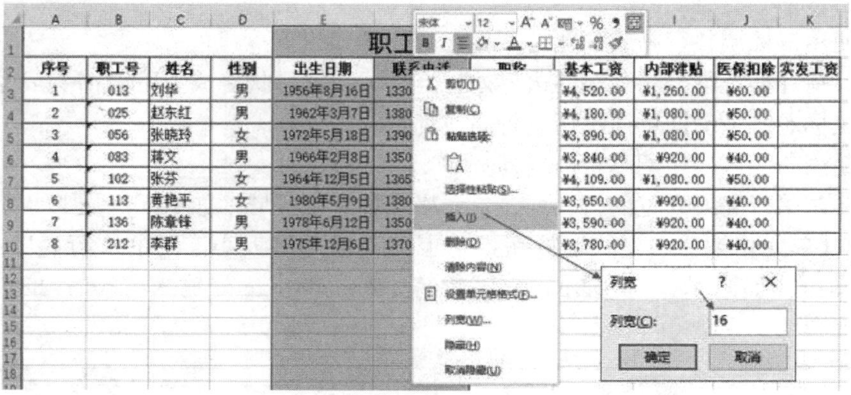

图 2.2.35 "列宽"设置

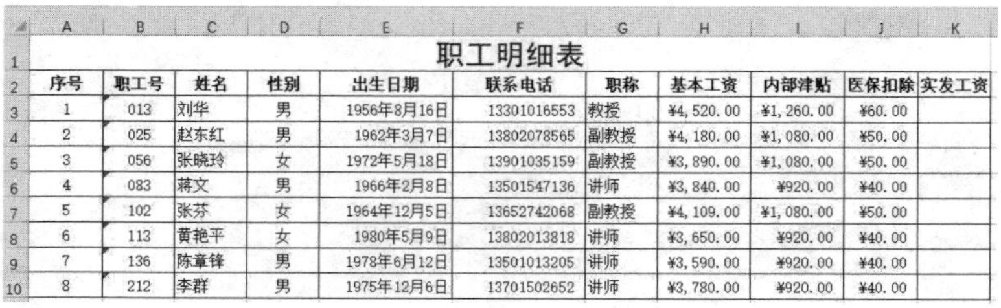

图 2.2.36 "列宽"设置后效果图

6）插入与删除单元格、行或列

（1）插入单元格、行或列。

● 插入行或列。

选定要插入行或列的下一行或右侧列。右击鼠标，在弹出的快捷菜单中选择"插入"命令；或单击【开始】→【单元格】→"插入"按钮右侧的小箭头，在展开的下拉列表中单击"插入工作表行"或"插入工作表列"命令，即可插入行或列。例如在"医保扣除"列前面增加一列"应发工资合计"，先选中"医保扣除"J 列，右击 J 列任何地方，在弹出的快捷菜单中选择"插入"命令即可，然后在 J2 输入"应发工资合计"，如图 2.2.37所示。

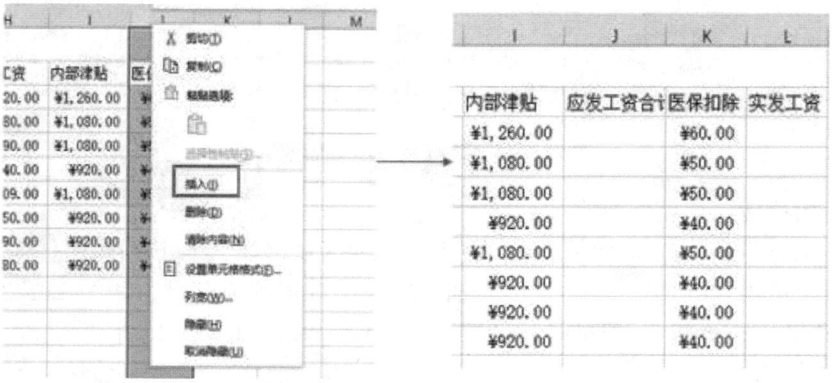

图 2.2.37 在"医保扣除"前插入"应发工资合计"

● 插入单元格。

选定要插入单元格所在位置的单元格。右击鼠标，在弹出的快捷菜单中选择"插入"命令，或单击【开始】→【单元格】→"插入"按钮右侧的小箭头，在展开的下拉列表中单击"插入单元格"命令，打开"插入"对话框，如图2.2.38所示，选择一种插入方式，单击"确定"按钮即可。

（2）删除行或列、单元格。

● 删除行或列。

选定要删除的行或列。右击鼠标，在弹出的快捷菜单中选择"删除"命令，或单击【开始】→【单元格】→"删除"按钮右侧的小箭头，在展开的下拉列表中单击"删除工作表行"或"删除工作表列"命令，即可删除行或列。

图 2.2.38　"插入单元格"
对话框

● 删除单元格

选定要删除的单元格。右击鼠标，在弹出的快捷菜单中选择"删除"命令，或单击【开始】→【单元格】→"删除"按钮右侧的小箭头，在展开的下拉列表中单击"删除单元格"命令，打开"删除"对话框，如图2.2.39所示，选择一种删除方式，单击"确定"按钮即可。

4. 工作表的基本操作

在工作簿中，用户可以根据需要对工作表进行选择、插入、删除、移动和复制等操作。以下介绍工作表的基本操作方法。

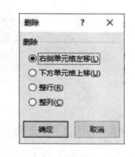

图 2.2.39　"删除单元格"
对话框

1）插入与删除工作表

（1）插入工作表。

● 使用"新工作表"按钮插入工作表。单击工作表标签栏上的"新工作表"按钮后，即可将新工作表插在现有工作表的最后，如图2.2.40所示。

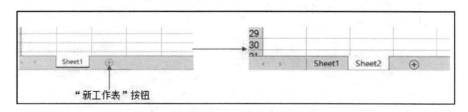

图 2.2.40　插入新工作表

● 使用快捷菜单插入工作表。右击工作表标签，在弹出的快捷菜单中选择"插入"命令，打开"插入"对话框，如图2.2.41所示，选中"工作表"图标、单击"确定"按钮，将在被右击的工作表标签前插入一张新工作表 Sheet2，如图2.2.42所示。

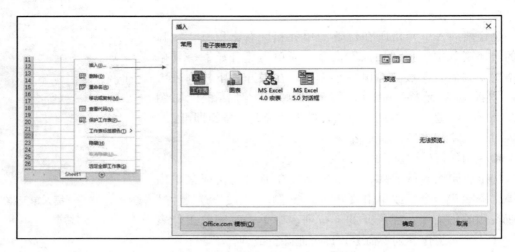

图 2.2.41　"插入"工作表对话框

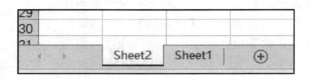

图 2.2.42　新工作表 Sheet2

● 使用功能区命令插入工作表。单击【开始】→【单元格】→"插入"按钮右侧的小箭头，在展开的下拉列表中单击"插入工作表"选项，即可在当前工作表前插入一张新工作表，如图 2.2.43 所示。

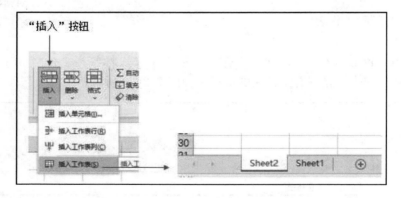

图 2.2.43　插入新工作表 Sheet2

（2）删除工作表。

● 使用快捷菜单删除工作表。右击要删除工作表的标签，在弹出的快捷菜单中选择"删除"命令，即可删除该工作表。如图 2.2.44 所示。

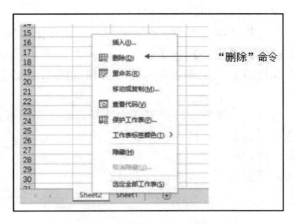

图 2.2.44　"删除"工作表命令

● 　使用功能区按钮删除工作表。选定要删除的工作表，单击【开始】→【单元格】→"删除"按钮右侧的小箭头，在展开的下拉列表中单击"删除工作表"选项，也可删除工作表。如图 2.2.45 所示。

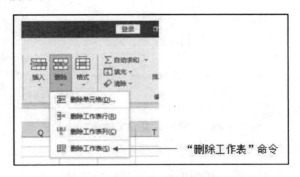

图 2.2.45　"删除工作表"命令

2）移动与复制工作表

Excel 允许在同一个工作簿内和不同工作簿间移动与复制工作表。

（1）在同一个工作簿内移动或复制工作表。

用鼠标左键直接拖动要移动的工作表的标签，将出现一个图标和一个小三角箭头来指示该工作表将要移到的位置，如图 2.2.46 所示，到达目标位置时释放鼠标左键即可移动该工作表。如果要复制工作表，与移动工作表不同的只是需要按住 Ctrl 键再用鼠标左键拖动工作表的标签，此时图标上有一个"＋"号，如图 2.2.47 所示。

图 2.2.46　移动工作表

图 2.2.47　复制工作表

（2）在同一（或不同）工作簿间移动或复制工作表。

打开源工作簿，右击要移动或复制的工作表的标签，在弹出的快捷菜单中选择"移动或复制工作表"命令；或单击【开始】→【单元格】→"格式"按钮右侧的小箭头，在展开的下拉列表中单击"移动或复制工作表"命令，弹出如图 2.2.48 所示的"移动或复制工表"对话框。

在"将选定工作表移至工作簿"下拉列表框中选择目标工作簿名：在"下列选定工作表之间"列表框中，选择要在其前面插入工作表的工作表名。

如果是复制工作表，则勾选"建立副本"复选框。

单击"确定"按钮即可完成工作表的移动或复制。

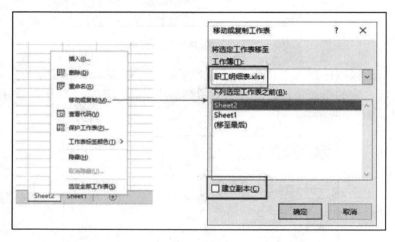

图 2.2.48　"移动或复制工作表"对话框

3）重命名工作表

右击要重命名的工作表标签，在弹出的快捷菜单中选择"重命名"命令；或单击【开始】→【单元格】→"格式"按钮右侧的小箭头，在展开的下拉列表中单击"重命名工作表"命令；或双击工作表标签，使工作表标签处于编辑状态，如图 2.2.49 所示。

输入新的工作表名，如"职工信息表"，按 Enter 键即可完成工作表重命名，如图 2.2.49 所示。

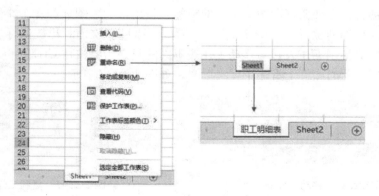

图 2.2.49　重命名工作表

4）设置工作表标签颜色

右击要设置颜色的工作表标签，在弹出的快捷菜单中选择"工作表标签颜色"命令；或单击【开始】→【单元格】→"格式"按钮右侧的小箭头，在展开的下拉列表中单击"工作表标签颜色"选项。

在弹出的颜色列表中单击所需颜色即可。如图2.2.50所示。

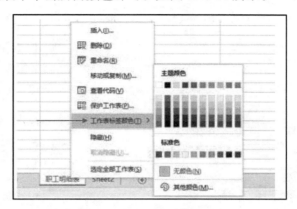

图 2.2.50　工作表标签颜色设置

5. 数据处理

Excel数据处理就是利用已经建立好的电子数据表格，根据用户要求进行数据查找、排序（分类）、筛选（查询）和分类汇总等的操作过程。这里主要介绍数据的排序、筛选和分类汇总的操作方法。

1）数据的排序

（1）单关键字排序。

选中需要排序列中的任意单元格。单击【开始】→【编辑】→"排序和筛选"按钮，在下拉菜单中选择"升序""降序"或"自定义排序"项。以图2.2.36的职工明细表为例，将按"基本工资"降序排序，如图2.2.51所示。

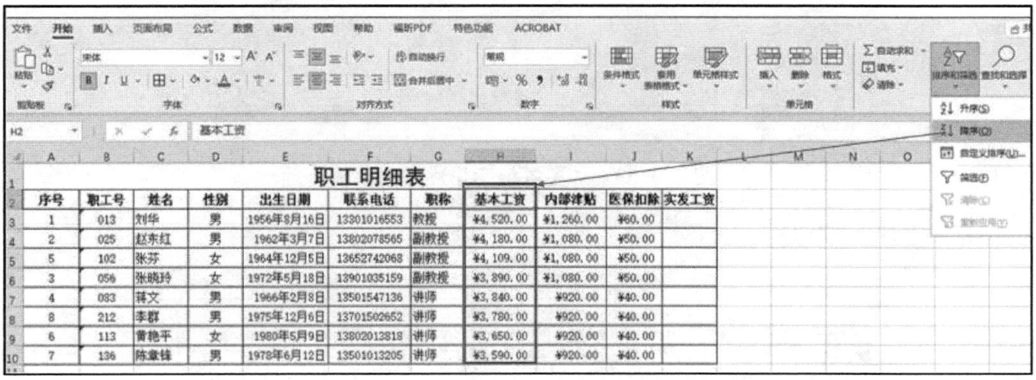

图 2.2.51　按"基本工资"降序排序

（2）多关键字排序。

单关键字排序只能按一列排序，一旦该列出现了重复值，这些具有相同值的数据谁在前、谁在后呢？这时就要使用多关键字排序。

以图 2.2.36 的职工明细表为例，先按"职称"升序排序，当"职称"相同时再按"基本工资"降序排序。

选中要排序的单元格区域 A2：K10，单击【数据】→【排序和筛选】→"排序"按钮，将打开如图 2.2.52 所示的"排序"对话框。

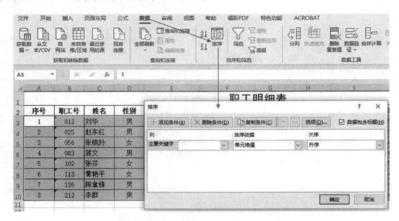

图 2.2.52　"排序"对话框

从"列"选项的"主要关键字"下拉列表中选择"职称"，从"排序依据"下拉列中选择"单元格值"，从"次序"下拉列表中选择"升序"，完成主要关键字的设置。

单击"排序"对话框中的"添加条件"按钮，添加次要关键字（第二），按照前面操作方法，将"列"选项的"次要关键字"设置为"基本工资"，"排序依据"设置为"单元格值"，"次序"设置为"降序"，完成次要关键字的设置，如图 2.2.53 所示。

图 2.2.53　"多关键字排序"对话框

单击"确定"按钮后，排序结果如图 2.2.54 所示。

图 2.2.54　"多关键字排序"效果图

2）数据的筛选

数据的筛选是指显示工作表中满足条件的行并隐藏不满足条件的行，从而帮助用户观察与分析数据。在 Excel 2021 中，有自动筛选和高级筛选，本节将介绍这两种筛选的使用。

（1）自动筛选。

将图 2.2.9 的职工明细表设置自动筛选，并分别完成以下操作：

● 筛选出性别为"男"的所有记录。

打开图 2.2.36 职工明细表，选择要筛选的数据区域 A2：K10，单击【数据】→【排序和筛选】→"筛选"按钮；再单击工作表中"性别"右侧的筛选按钮，在如图 2.2.55 所示的列表中勾选"男"（取消勾选其他复选框），单击"确定"按钮，完成对"男"的筛选，结果如图 2.2.56 所示。

图 2.2.55 设置筛选性别为"男"

	序号	职工号	姓名	性别	出生日期	联系电话	职称	基本工资	内部津贴	医保扣	实发工
						职工明细表					
	1	013	刘华	男	1956年8月16日	13301016553	教授	¥4,520.00	¥1,260.00	¥60.00	
	2	025	赵东红	男	1962年3月7日	13802078565	副教授	¥4,180.00	¥1,080.00	¥50.00	
	4	083	蒋文	男	1966年2月8日	13501547136	讲师	¥3,840.00	¥920.00	¥40.00	
	7	136	陈章锋	男	1978年6月12日	13501013205	讲师	¥3,590.00	¥920.00	¥40.00	
	8	212	李群	男	1975年12月6日	13701502652	讲师	¥3,780.00	¥920.00	¥40.00	

图 2.2.56 筛选出性别为"男"的记录

● 筛选出性别为"男"且职称为"讲师"的所有记录。

在上步操作结果的基础上，单击"职称"右侧的筛选按钮，在打开的列表中勾选"讲师"，单击"确定"按钮，完成对性别为"男"且职称为"讲师"的所有记录的筛选，自动筛选结果如图 2.2.57 所示。

	序号	职工号	姓名	性别	出生日期	联系电话	职称	基本工资	内部津贴	医保扣	实发工
						职工明细表					
	4	083	蒋文	男	1966年2月8日	13501547136	讲师	¥3,840.00	¥920.00	¥40.00	
	7	136	陈章锋	男	1978年6月12日	13501013205	讲师	¥3,590.00	¥920.00	¥40.00	
	8	212	李群	男	1975年12月6日	13701502652	讲师	¥3,780.00	¥920.00	¥40.00	

图 2.2.57 筛选出性别为"男"且职称为"讲师"的记录

关于自动筛选的几点说明如下：

● 筛选按钮的图标若是向下箭头，表示该列未应用筛选，反之则表示已应用筛选。

● 当将鼠标指针悬停在筛选按钮时，将显示该按钮下的筛选条件。

● 若要清除某个筛选按钮下的筛选条件，可单击该筛选按钮，在列表中选择"从'××'中清除筛选"命令。如单击"职称"筛选按钮，则显示如图2.2.58所示。

图 2.2.58　清除"职称"筛选

● 单击【数据】→【排序和筛选】→"筛选"按钮，可取消已经设置的自动筛选。

（2）高级筛选。

自动筛选只能筛选出条件比较简单的记录，若条件比较复杂则需要进行高级筛选。在进行高级筛选前，首先要在数据表之外的空白位置处建立好进行高级筛选的条件区域，如图2.2.59所示的B12：C13区域就是一个条件区域，它包括属性名和满足该属性的条件。

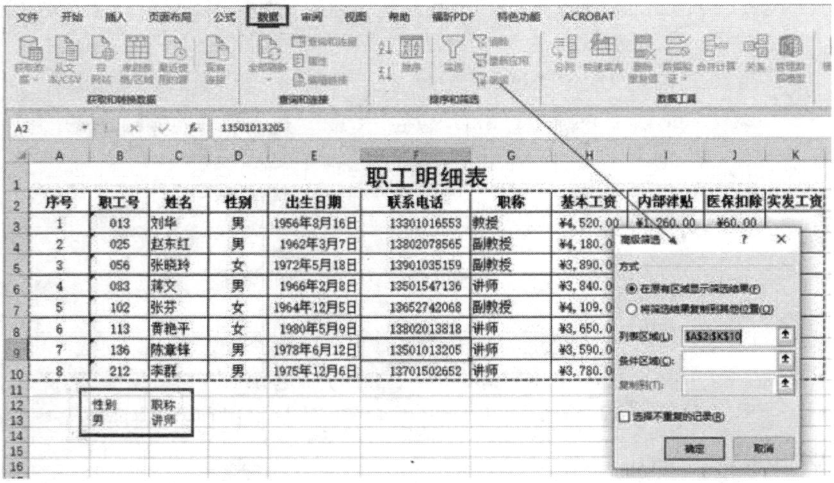

图 2.2.59　"高级筛选"对话框

在高级筛选条件区域中，包括单价属性和数量属性，它们的条件"性别"是"男"和

"职称"是"讲师"在同一行上出现,则表示同一行条件之间是逻辑"与"的关系,即对应的逻辑运算公式为"AND(性别="男",职称="讲师")"。若不在同一行出现,则表示逻辑"或"的关系。

高级筛选的条件区域设置好以后,首先选择待筛选数据表中的任一单元格或整个数据表,接着单击"数据"选项卡中"排序和筛选"组内的"高级"筛选按钮,出现如图2.2.59所示的"高级筛选"对话框。在高级筛选对话框中,"方式"区域包含两个单选按钮供用户选择,默认为"在原有区域显示筛选结果",也可以选择"将筛选结果复制到其他位置",假定我们选择此项;"列表区域"文本框要求给定筛选区域,默认为整个数据表区域,单击右边的按钮可以重新选择该区域,然后返回到该对话框;"条件区域"文本框要求给定条件区域,单击右边的按钮打开一个对话框,通过鼠标拖曳条件区域后,单击右边按钮关闭此对话框,重新回到"高级筛选"对话框;"复制到"文本框只有当"将筛选结果复制到其他位置"被选中后才有效,同样单击右边按钮,出现对话框后用鼠标单击目标区域的左上角单元格,完成设置后关闭此对话框,返回到"高级筛选"对话框;"选择不重复的记录"选项若被选中,则显示出满足条件的互不相同的记录,否则显示出满足条件的所有记录。

假定"高级筛选"对话框的设置如图2.2.60所示,则单击"确定"按钮后从A15为左上角的区域内显示出如图2.2.61所示的结果。

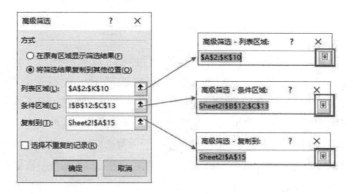

图 2.2.60 设置"高级筛选"各种情况

	A	B	C	D	E	F	G	H	I	J	K
1					职工明细表						
2	序号	职工号	姓名	性别	出生日期	联系电话	职称	基本工资	内部津贴	医保扣除	实发工资
3	1	013	刘华	男	1956年8月16日	13301016553	教授	¥4,520.00	¥1,260.00	¥60.00	
4	2	025	赵东红	男	1962年3月7日	13802078565	副教授	¥4,180.00	¥1,080.00	¥50.00	
5	3	056	张晓玲	女	1972年5月18日	13901035159	副教授	¥3,890.00	¥1,080.00	¥50.00	
6	4	083	蒋文	男	1966年2月8日	13501547136	讲师	¥3,840.00	¥920.00	¥40.00	
7	5	102	张芬	女	1964年12月5日	13652742068	副教授	¥4,109.00	¥1,080.00	¥50.00	
8	6	113	黄艳平	女	1980年5月9日	13802013818	讲师	¥3,650.00	¥920.00	¥40.00	
9	7	136	陈章锋	男	1978年6月12日	13501013205	讲师	¥3,590.00	¥920.00	¥40.00	
10	8	212	李群	男	1975年12月6日	13701502652	讲师	¥3,780.00	¥920.00	¥40.00	
11											
12		性别	职称								
13		男	讲师								
14											
15	序号	职工号	姓名	性别	出生日期	联系电话	职称	基本工资	内部津贴	医保扣除	实发工资
16	4	083	蒋文	男	1966年2月8日	13501547136	讲师	¥3,840.00	¥920.00	¥40.00	
17	7	136	陈章锋	男	1978年6月12日	13501013205	讲师	¥3,590.00	¥920.00	¥40.00	
18	8	212	李群	男	1975年12月6日	13701502652	讲师	¥3,780.00	¥920.00	¥40.00	

图 2.2.61   "高级筛选"的结果

3）数据的分类汇总

数据的分类汇总需要对数据表先按某个属性进行分类（排序），接着选取数据表中的任一单元格或者整个工作表，然后单击"数据"选项卡中"分级显示"组内的"分类汇总"按钮即可。

假定对图 2.2.36 职工明细表已按"职称"属性进行升序排序，接着选择数据表中的任一单元格，然后单击"数据"→"分类汇总"按钮，随即打开一个如图 2.2.62 所示的"分类汇总"对话框。

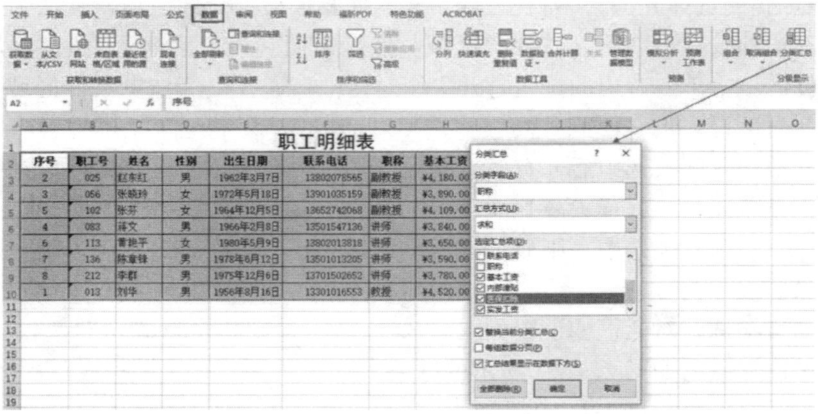

图 2.2.62　"分类汇总"对话框

在分类汇总对话框中，"分类字段"下拉列表框由用户选择用于数据分类的字段，在这里应选择"职称"；"汇总方式"下拉列表框由用户选择用于数据汇总的方式，它包括求和、计数、求平均值、求最小值、求最大值等方式，这里假定选择"求和"；"选定汇总项"复选列表框由用户选择用于数据汇总的字段，假定需要对基本工资、内部津贴、医保扣除、实发工资四项进行分类汇总，应使这些选项设为选定√状态；"替换当前分类汇总"复选框，通常设为选定状态，以便消除以前的分类汇总信息；"汇总结果显示在数据下方"复选框，通常也设为选定状态，否则其汇总结果信息将显示在对应数据的上方；"每组数据分页"可以根据需要设置，假定我们采用不选定状态，即连续显示分组数据信息。分类汇总对话框中的所有选项设定完成后，单击"确定"按钮实现分类汇总，如图 2.2.63 所示。

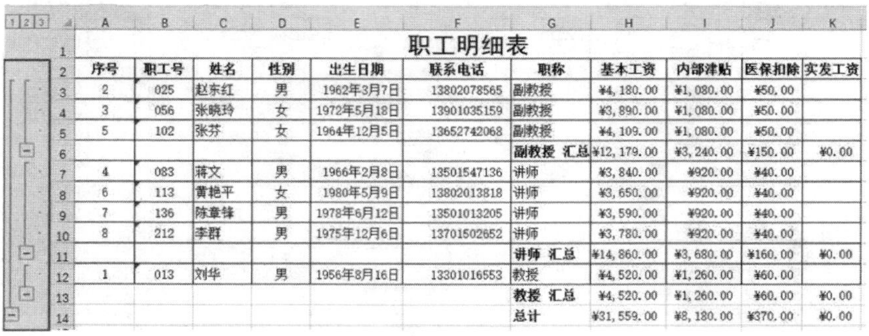

图 2.2.63　"分类汇总"结果

此分类汇总共分为三个层次，最里层是记录层，中间层是职称小计层，最外层是总计层。当单击中间层中的每条小计左边的减号"—"按钮时，则将变为加号"＋"，使得最里层的记录隐藏起来，当使记录层全部隐藏时，则变成如图 2.2.64 所示的汇总结果。当单击最外层总行左边的减号按钮时，则也变成加号，汇总结果只显示出一条总计信息。

1 2 3	A	B	C	D	E	F	G	H	I	J	K
1					职工明细表						
2	序号	职工号	姓名	性别	出生日期	联系电话	职称	基本工资	内部津贴	医保扣除	实发工资
6							副教授 汇总	¥12,179.00	¥3,240.00	¥150.00	¥0.00
11							讲师 汇总	¥14,860.00	¥3,680.00	¥160.00	¥0.00
13							教授 汇总	¥4,520.00	¥1,260.00	¥60.00	¥0.00
14							总计	¥31,559.00	¥8,180.00	¥370.00	¥0.00

图 2.2.64　"分类汇总"结果

为了把隐藏的信息显示出来，可以单击相应的加号按钮，使之展开下一层小计或记录信息。

对分类汇总处理结束后，若要删除汇总信息，则首先选定分类汇总表中的任意一个单元格，接着打开"分类汇总"对话框，从中单击"全部删除"按钮，如图 2.2.65 所示，此时数据表又恢复为汇总前的排序表状态。

图 2.2.65　恢复数据表

2.2.2　公式与函数

1. Excel 公式

在 Excel 中，公式是根据用户需求对工作表中的数据执行计算的等式，以等号开始，等号后面是参与计算的运算数和运算符。在 Excel 中，要正确输入公式必须掌握公式规定的运算符和运算规则。

1）运算符

Excel 2021 中常用 4 种运算符：算术运算符、比较运算符、文本连接运算符和逻辑运算符。使用运算符可以把常量、单元格引用、函数以及括号等连接起来组成表达式。

（1）算术运算符。算术运算符用于完成基本的算术运算，包括加（＋）、减（—）、乘（＊）、除（/）、乘方（⌃）和百分比（％）。

（2）比较运算符。比较运算符用于两个数据的比较，比较结果将产生逻辑值 TRUE（1）或 FALSE（0）。

（3）文本连接运算符。文本连接运算符（＆）用于将两个或多个文本连接在一起，形成一个字符串，如"Excel"＆"2016"的结果为"Excel2016"。

（4）逻辑运算符。逻辑运算符有 3 个，分别为逻辑与（AND）、或（OR）、非（NOT），运算符中的字符大小写均可。参与运算的对象在其后面的圆括号内给出，"与""或"运算可以带有多个对象，对象之间用逗号分开，而"非"运算只能带有一个对象。逻辑运算中的每个对象可以是一个逻辑常量 TRUE 或 FALSE，可以是一个比较运算公式（因其运算结果是一个逻辑值），也可以是任何数字或文本（系统把 0 看做逻辑值假，非 0值看做逻辑值真），还可以是一个结果为逻辑值的函数或另一个逻辑公式。

2）公式的输入和编辑

（1）输入公式。以图 2.2.36 的职工明细表为例，公式的输入与普通文字的输入基本相同，差别仅在于公式必须以等号开始，且应符合语法规则。单元格将显示公式的计算结果，而公式内容则会在编辑栏中显示，如图 2.2.66 所示。

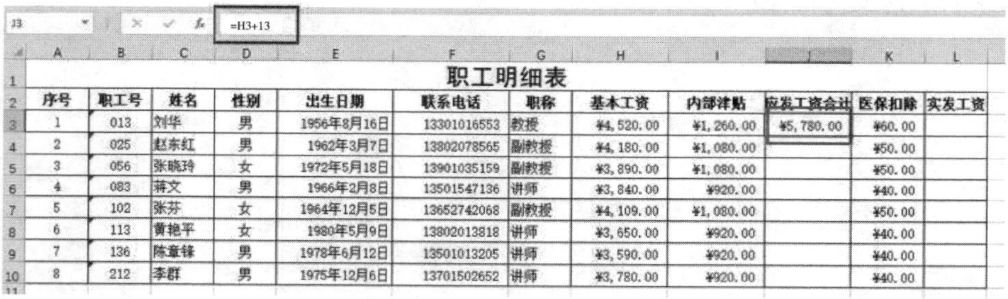

![职工明细表，编辑栏显示=H3+I3]

图 2.2.66　公式的输入

（2）移动和复制公式。公式的移动和普通文字的移动完全一样，但公式的复制和普通文字的复制就有较大的区别。复制公式时，其中的相对引用地址将会随位置改变（相对引用的会将在下面介绍），如把单元格 J3 中的公式"＝H3＋I3"复制到单元格 J4，则单元格J4 的公式为"＝H4＋I4"，如图 2.2.67 中的编辑栏所示。

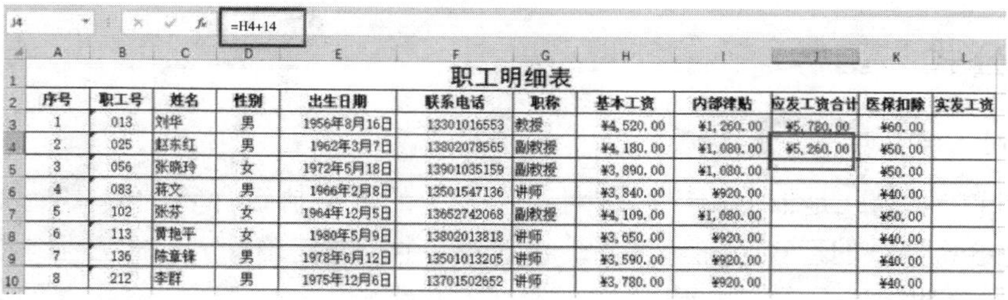

![职工明细表，编辑栏显示=H4+I4]

图 2.2.67　复制公式

同时用拖动填充柄的方式把单元格 J4 的公式复制到 J5 至 J10，按住 J4 单元格右下角的填充柄按钮往下拖动至 J10 即可，如图 2.2.68 所示。

内部津贴	应发工资合计	医保扣除	实发工资
¥1, 260. 00	¥5, 780. 00	¥60. 00	
¥1, 080. 00	¥5, 260. 00	¥50. 00	
¥1, 080. 00		¥50. 00	
¥920. 00		¥40. 00	
¥1, 080. 00		¥50. 00	
¥920. 00		¥40. 00	
¥920. 00		¥40. 00	
¥920. 00		¥40. 00	

内部津贴	应发工资合计	医保扣除	实发工资
¥1, 260. 00	¥5, 780. 00	¥60. 00	
¥1, 080. 00	¥5, 260. 00	¥50. 00	
¥1, 080. 00	¥4, 970. 00	¥50. 00	
¥920. 00	¥4, 760. 00	¥40. 00	
¥1, 080. 00	¥5, 189. 00	¥50. 00	
¥920. 00	¥4, 570. 00	¥40. 00	
¥920. 00	¥4, 510. 00	¥40. 00	
¥920. 00	¥4, 700. 00	¥40. 00	

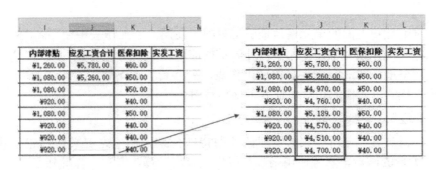

图 2. 2. 68　用填充柄复制公式

同样方法在单元格 L2 中输入公式 "＝J3－K3"，用拖动填充柄的方式把单元格 L3 的公式复制到 L4 至 L10，如图 2. 2. 69 所示。

=J3-K3

职工明细表

序号	职工号	姓名	性别	出生日期	联系电话	职称	基本工资	内部津贴	应发工资合计	医保扣除	实发工资
1	013	刘华	男	1956年8月16日	13301016553	教授	¥4, 520. 00	¥1, 260. 00	¥5, 780. 00	¥60. 00	¥5, 720. 00
2	025	赵东红	男	1962年3月7日	13802078565	副教授	¥4, 180. 00	¥1, 080. 00	¥5, 260. 00	¥50. 00	
3	056	张晓玲	女	1972年5月18日	13901035159	副教授	¥3, 890. 00	¥1, 080. 00	¥4, 970. 00	¥50. 00	
4	083	蒋文	男	1966年2月8日	13501547136	讲师	¥3, 840. 00	¥920. 00	¥4, 760. 00	¥40. 00	
5	102	张芬	女	1964年12月5日	13652742068	副教授	¥4, 109. 00	¥1, 080. 00	¥5, 189. 00	¥50. 00	
6	113	黄艳平	女	1980年5月9日	13802013818	讲师	¥3, 650. 00	¥920. 00	¥4, 570. 00	¥40. 00	
7	136	陈章锋	男	1978年6月12日	13501013205	讲师	¥3, 590. 00	¥920. 00	¥4, 510. 00	¥40. 00	
8	212	李群	男	1975年12月6日	13701502652	讲师	¥3, 780. 00	¥920. 00	¥4, 700. 00	¥40. 00	

=J3-K3

职工明细表

序号	职工号	姓名	性别	出生日期	联系电话	职称	基本工资	内部津贴	应发工资合计	医保扣除	实发工资
1	013	刘华	男	1956年8月16日	13301016553	教授	¥4, 520. 00	¥1, 260. 00	¥5, 780. 00	¥60. 00	¥5, 720. 00
2	025	赵东红	男	1962年3月7日	13802078565	副教授	¥4, 180. 00	¥1, 080. 00	¥5, 260. 00	¥50. 00	¥5, 210. 00
3	056	张晓玲	女	1972年5月18日	13901035159	副教授	¥3, 890. 00	¥1, 080. 00	¥4, 970. 00	¥50. 00	¥4, 920. 00
4	083	蒋文	男	1966年2月8日	13501547136	讲师	¥3, 840. 00	¥920. 00	¥4, 760. 00	¥40. 00	¥4, 720. 00
5	102	张芬	女	1964年12月5日	13652742068	副教授	¥4, 109. 00	¥1, 080. 00	¥5, 189. 00	¥50. 00	¥5, 139. 00
6	113	黄艳平	女	1980年5月9日	13802013818	讲师	¥3, 650. 00	¥920. 00	¥4, 570. 00	¥40. 00	¥4, 530. 00
7	136	陈章锋	男	1978年6月12日	13501013205	讲师	¥3, 590. 00	¥920. 00	¥4, 510. 00	¥40. 00	¥4, 470. 00
8	212	李群	男	1975年12月6日	13701502652	讲师	¥3, 780. 00	¥920. 00	¥4, 700. 00	¥40. 00	¥4, 660. 00

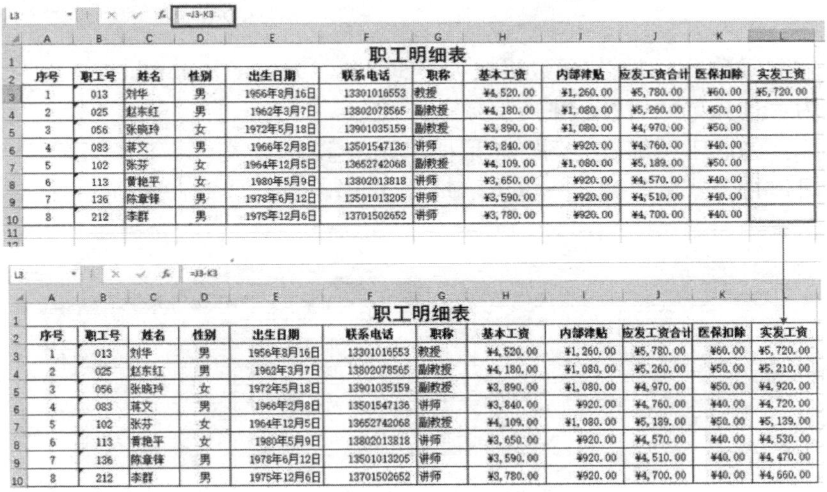

图 2. 2. 69　利用公式计算"实发工资"

3）单元格引用

单元格引用电子工作表中的每个单元格都对应着一个唯一的列标和行号，由列标和行号组成该单元格的地址。例如，C3 就是一个单元格的地址，该单元格列标为 C 的列与行号为 3 的行的交点位置。单元格引用就是单元格的地址表示。

单元格的地址表示可以细分为相对地址表示、绝对地址表示和混合地址表示三种，分别也称做相对引用、绝对引用和混合引用，它们在书写格式和含义上有所不同。

（1）相对引用：就是直接用列标和行号所表示的单元格地址。如 A1、D8、K2 等都是对应单元格的相对地址引用。

（2）绝对引用：分别在列标和行号的前面加上＄字符所表示的单元格地址称为绝对地址，如＄B＄3，就是第 B 列和第 3 行交点位置单元格的绝对引用。

（3）混合引用：就是列标或行号之一采用绝对地址的单元格引用。如＄H5 就是混合地址引用，H＄5 也是一个混合地址引用，它们一个列标采用绝对地址，一个行号采用绝对地址。也就是说，在混合地址引用中，若列标为绝对地址，则行号就为相对地址，反之亦然。

（4）三维地址：上面的单元格地址引用只限于在同一个工作表中使用，若要引用不同工作表中的单元格，则必须在单元格地址表示的前面加上工作表名和后缀一个！字符，这就构成了单元格地址的三维表示，包括工作表、列和行。如 Sheet1！J3 是 Sheet1 工作表的第 J 列第 3 行的单元格的相对地址表示（相对引用）。

2. Excel 函数

函数是执行计算、分析等数据处理任务的特殊公式，是预先定义的内置公式。Excel 2021 提供了大量的函数，熟练使用函数可以大大提高计算速度和计算准确率。

1）函数的格式

函数的一般格式为：函数名称（参数 1，参数 2，…，参数 n）。

其中，每个函数都有特定的参数要求，如需要一个或多个参数（最多不能超过 255 个）、或不需要参数。参数可以是数字、文本或单元格引用等，也可以是常量、公式或其他函数。

例如，求和函数 SUM，其函数格式为：SUM（number1，number2，…）。

其功能为：计算单元格区域中所有数值的和。

以图 2.2.9 的职工明细表为例，如果把单元格 J3 的公式"＝H3＋I3"通过函数计算来表示，则可以把公式修改为"＝SUM（H3，I3）"，如图 2.2.70 所示。

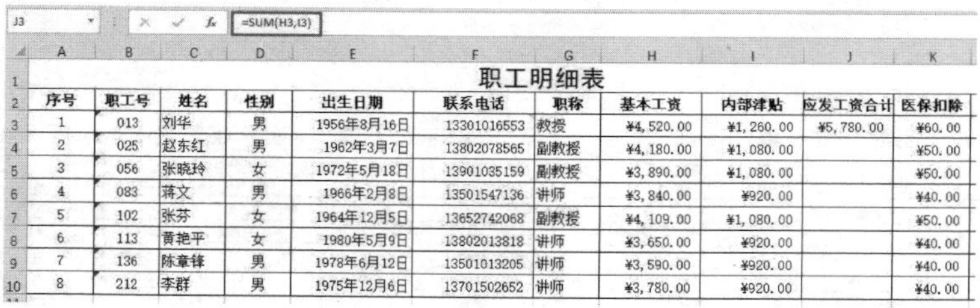

图 2.2.70　函数输入

用拖动填充柄的方式把单元格 J4 的公式复制到 J5 至 J10，按住 J4 单元格右下角的填充柄按钮往下拖动至 J10 即可，如图 2.2.71 所示。

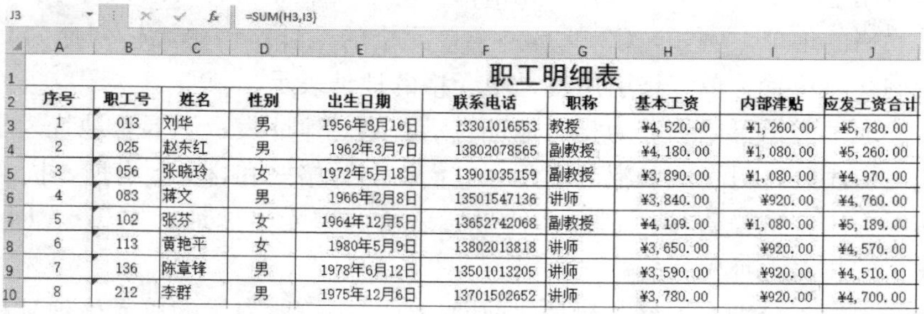

图 2.2.71　函数复制

2）函数的输入

在 Excel 2021 中输入函数的常用方法有以下 3 种。

（1）使用功能区选择函数。

选中要输入公式的单元格。单击【公式】→【函数库】中相应的函数按钮，如单击"自动求和"按钮下方的小箭头，在展开的下拉列表中单击所需选项。系统将自动生成公式。按 Enter 键完成函数的输入，并显示公式的计算结果。如图 2.2.72 所示。

图 2.2.72　功能区求和函数

（2）使用"插入函数"对话框输入函数。

选中要输入公式的单元格。单击【公式】→【函数库】→"插入函数"按钮，打开"插入函数"对话框。在"或选择类别"的下拉列表中选择函数类别，如"常用函数"；在"选择函数"列表框中选择函数，如 SUM，在对话框的下方显示被选函数的格式及功能描述，单击"确定"按钮，打开"函数参数"对话框。如图 2.2.73 所示。

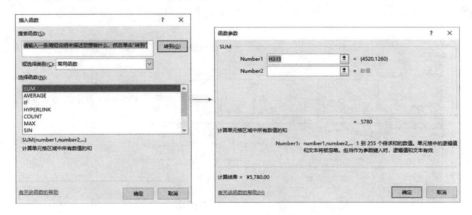

图 2.2.73　"插入函数"对话框

如果 Excel 自动推荐的数据区域并不是所要计算的区域，可重新选择计算区域，如单击 Number1 文本框右侧的小箭头，在工作表中选择单元格区域。然后单击原来小箭头的位置，还原"函数参数"对话框，此时在 Number1 文本框中显示的参数为求和区域。

如果有多个单元格区域，可以继续在 Number2 文本框中输入数值、单元格或单元格区域引用。参数输入完毕后，单击"确定"按钮，完成函数的输入，单元格将显示公式的计算结果。

（3）直接在单元格中输入函数。

如果对所用函数十分熟悉，可以选中求和单元格，直接输入求和函数，按 Enter 键即可。

直至现在，职工明细表已经基本完成，如图 2.2.74 所示。

序号	职工号	姓名	性别	出生日期	联系电话	职称	基本工资	内部津贴	应发工资合计	医保扣除	实发工资
						职工明细表					
1	013	刘华	男	1956年8月16日	13301016553	教授	¥4,520.00	¥1,260.00	¥5,780.00	¥60.00	¥5,720.00
2	025	赵东红	男	1962年3月7日	13802078565	副教授	¥4,180.00	¥1,080.00	¥5,260.00	¥50.00	¥5,210.00
3	056	张晓玲	女	1972年5月18日	13901035159	副教授	¥3,890.00	¥1,080.00	¥4,970.00	¥50.00	¥4,920.00
4	083	蒋文	男	1966年2月8日	13501547136	讲师	¥3,840.00	¥920.00	¥4,760.00	¥40.00	¥4,720.00
5	102	张芬	女	1964年12月5日	13652742068	副教授	¥4,109.00	¥1,080.00	¥5,189.00	¥50.00	¥5,139.00
6	113	黄艳平	女	1980年5月9日	13802013818	讲师	¥3,650.00	¥920.00	¥4,570.00	¥40.00	¥4,530.00
7	136	陈章锋	男	1978年6月12日	13501013205	讲师	¥3,590.00	¥920.00	¥4,510.00	¥40.00	¥4,470.00
8	212	李群	男	1975年12月6日	13701502652	讲师	¥3,780.00	¥920.00	¥4,700.00	¥40.00	¥4,660.00

图 2.2.74　完整工作表

3）常用函数

Excel 2021 系统中内置了大量的函数，包括数学与三角函数、统计函数、逻辑函数、财务函数、信息函数、数据库函数、文本函数、查找和引用函数及日期与时间函数等。

2.2.3　图表制作

1. 图表的类型

Excel 2021 提供了 17 种标准图表类型，主要有柱形图、折线图、饼图、条形图、面积图、XY 散点图、股价图、曲面图、雷达图、树状图、旭日图、直方图、箱形图、瀑布图、漏斗图、组合图等。每一种图表类型又分别包含了多种子图表类型，如图 2.2.75 所示。

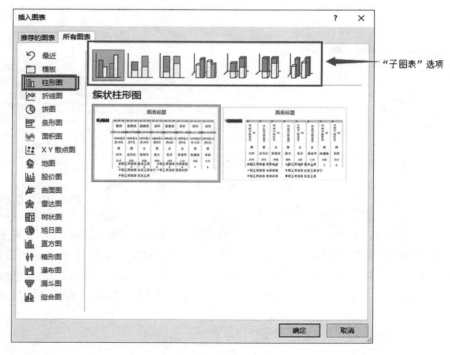

图 2.2.75　图表的类型

2. 图表创建过程

Excel 2021 创建图表有以下几种方法：

（1）使用快捷键创建图表；

（2）使用选项卡创建图表；

（3）使用对话框创建图表。

利用图 2.2.9 的职工明细表，以创建簇状柱形图为例，下面介绍使用选项卡创建图表过程。单击【插入】→【图表】右下角的小箭头，出现如图 2.2.76 所示的对话框，单击"所有图表"选项卡，选中默认的"柱形图"中的"簇状柱形图"，再单击"确定"按钮，即出现如图 2.2.77 所示。

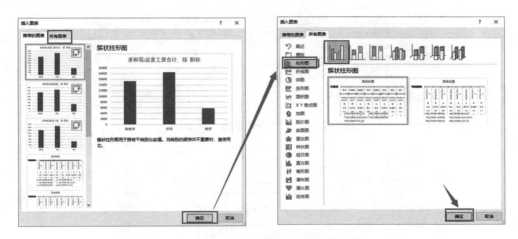

图 2.2.76　"插入图表"对话框

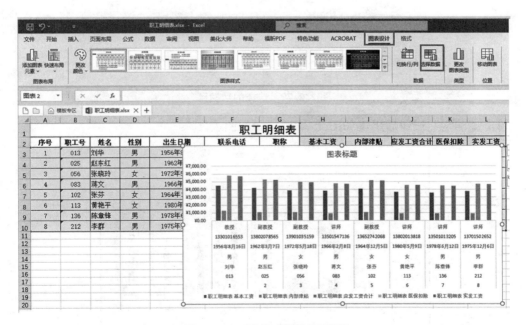

图 2.2.77　建立"簇状柱形图"

单击"图表设计"中的"选择数据"按钮，出现如图 2.2.78 所示对话框，单击"图表数据区域"右侧的箭头，然后用鼠标拖动单元格区域 C2：C10，再按住 Ctrl 键的同时拖动单元格区域 H2：I10 和 L2：L10，则"选择数据源"的内容显示如图 2.2.79 所示，再单击"图表数据区域"右侧的箭头。

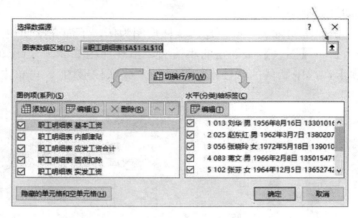

图 2.2.78　"选择数据源"对话框

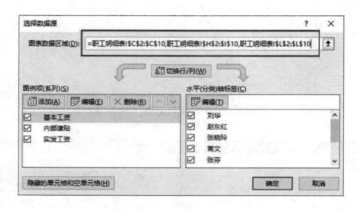

图 2.2.79　选择的数据源

单击"确定"按钮后出现如图 2.2.80 所示的图表。

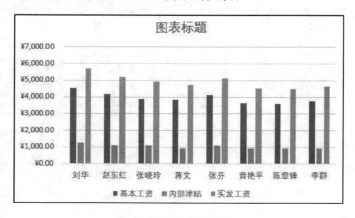

图 2.2.80　创建的图表

3. 图表编辑过程

单击"图表设计"中"添加图表元素"选项的右下角，则出现如图 2.2.81 所示选项框。

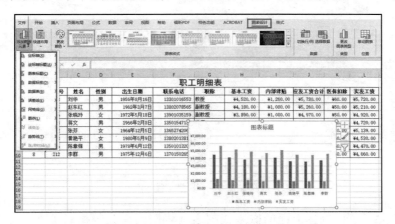

图 2.2.81 "添加图表元素"选项

分别选择"坐标轴标题"中的"主要横坐标轴"和"主要纵坐标轴"，并分别输入"姓名""金额（元）"，如图 2.2.82 所示。

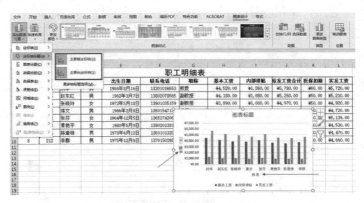

图 2.2.82 设置"坐标轴标题"

选择"图表标题"中的"图表上方"，输入"工资明细图"，如图 2.2.83 所示。

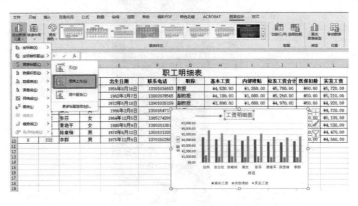

图 2.2.83 设置"图表标题"

选择"图例"中的"右侧"后，如图 2.2.84 所示。

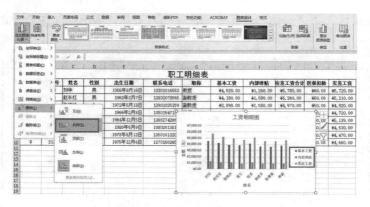

图 2.2.84 设置"图例"

创建图表除了可以创建上面的嵌入式图表（将图表作为数据对象嵌入工作表中）外，还可以创建图表工作表，图表工作表则是独占一张工作表。

2.3 PowerPoint 2021 幻灯片软件

2.3.1 演示文稿制作

1. PowerPoint 启动与退出

1）启动 PowerPoint 2021

方法一：使用"开始"菜单启动。单击【开始】→【PowerPoint】按钮，如图 2.3.1 所示，即可启动 PowerPoint 2021。

图 2.3.1 利用"开始"菜单启动 PowerPoint

方法二：使用桌面快捷方式启动。如果桌面上有"PowerPoint"快捷图标，如图 2.3.2 所示，可直接双击该快捷图标启动 PowerPoint。

图 2.3.2　利用快捷图标启动 PowerPoint

方法三：利用 PowerPoint 已创建的文档启动。双击由 PowerPoint 创建的文档（＊.ppt、＊.pptx），可以启动 PowerPoint，并同时打开该文档。

2）退出 PowerPoint 2021

方法一：不退出 PowerPoint 2021 系统，只关闭幻灯片文件：单击"文件"选项卡标签→"关闭"选项，如图 2.3.3 所示，确认是否存盘后关闭幻灯片文件。

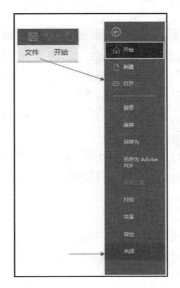

图 2.3.3　关闭幻灯片文件

方法二：退出 PowerPoint 2021 系统：单击幻灯片普通视图窗口右上角的"关闭"按钮，如图 2.3.4 所示。确认是否存盘后关闭系统。

图 2.3.4　退出 PowerPoint

2. PowerPoint 的主窗口

启动 PowerPoint 后可看到它的主界面（如图 2.3.5 所示），PowerPoint 会自动生成一个新的幻灯片，默认文件名为：演示文稿1。

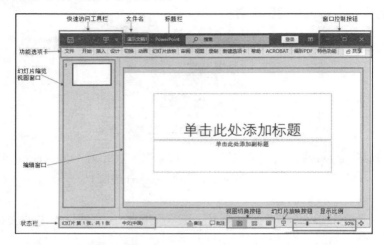

图 2.3.5　PowerPoint 的主界面

（1）快速访问工具栏。快速访问工具栏位于工作界面的左上角，由最常用的命令工具按钮组成，如图 2.3.5 所示的"保存""撤销""恢复""播放"等。单击快速访问工具栏最右侧的下拉按钮，在弹出的"自定义快速访问工具栏"下拉菜单中勾选或取消，可以添加或删除快速访问工具栏中的命令工具按钮。如图 2.3.6 所示。

（2）标题栏。标识正在运行的程序（PowerPoint ）和活动演示文稿的名称。如果窗口未最大化，可拖动标题栏来移动窗口。

（3）功能选项卡。提供选项卡页面，每个选项卡下包含若干不同的功能组，这些组包括按钮命令、列表命令等。

说明：实际创建幻灯片的过程中，选中不同的操作对象选项卡会出现与之相关连的选项卡。

图 2.3.6　"自定义快速访问工具栏"按钮

（4）幻灯片缩览视图窗口。缩览视图窗口位于 PowerPoint 窗口的左边。可以看到缩小的幻灯片列表排列。

（5）编辑窗口。编辑窗口也称为文档窗口，是 PowerPoint 主窗口中最基本的组成部分，可借助它来制作演示文稿中的幻灯片。

（6）视图切换按钮。建立演示文稿过程中，在不同的工作过程选择不同的视图方式会为我们提供更大的便利。

（7）显示比例。用于调整幻灯片在工作区的显示面积。

（8）状态栏。位于工作界面的左下方，显示 PPT 的当前页码、总页数、输入法等信息。

3. PowerPoint 的基本操作

1）创建新的空白演示文稿

步骤如下：

单击"文件"选项卡标签→"新建"选项。出现如图 2.3.7 所示。

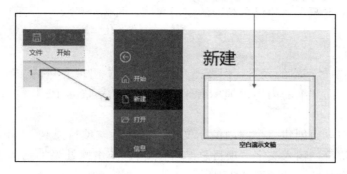

图 2.3.7　创建空白演示文稿

单击图 2.3.7 中的"空白演示文稿"按钮，即可生成新演示文稿。

2）保存和打开演示文稿

（1）单击"快速访问工具栏"中的"保存"按钮，弹出一个"另存为"选项，如图 2.3.8 所示。在中间选择保存的位置后，弹出"另存为"对话框，如图 2.3.9 所示，在"文件名"中输入文件名，单击"保存"按钮将所新建的演示文稿保存。

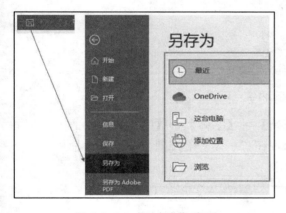

图 2.3.8　"另存为"选项

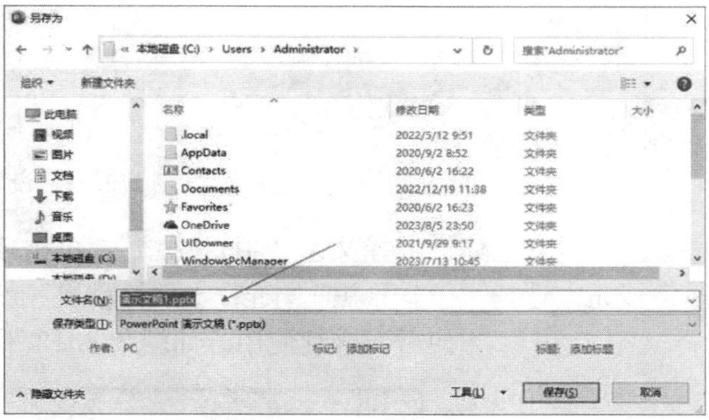

图 2.3.9　"另存为"对话框

（2）单击"文件"选项卡标签→"打开"选项，弹出一个"打开"对话框，如图 2.3.10 所示，选择演示文稿所在的位置，单击"打开"按钮即可。或在文件夹中直接双击打开所需演示文稿。

图 2.3.10　"打开"对话框

3）演示文稿的编辑操作

下面结合一个主题为"项目总结"的演示文稿，具体介绍文字、图片、图形和表格的基本操作。

（1）文字操作。

文字是 PPT 中最基本的元素，但要避免在幻灯片中出现大量的文字，应提取关键词展现在幻灯片中，而详细的内容由演示者来解说。一个完整的 PPT 包括封面、目录、内容和封底。

● 封面。在桌面创建一个空白演示文稿，命名为"项目总结"。单击"单击此处添加标题"文本占位符，输入文字"项目总结"，单击"单击此处添加副标题"文本占位符，输入汇报人及汇报日期，如图 2.3.11 所示。

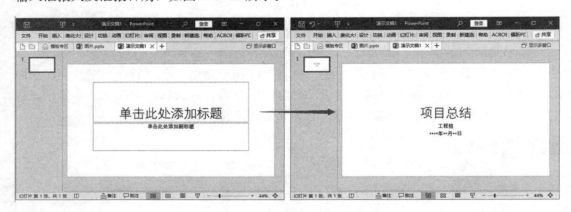

图 2.3.11　设置封面内容

设置字体。选择文字"项目总结"，单击【开始】→【字体】→【字体】右侧的下拉按钮，选择"微软雅黑"。随后"微软雅黑"就出现在"字体"下拉列表的"最近使用的字体"中，方便后面继续使用。如图 2.3.12 所示。

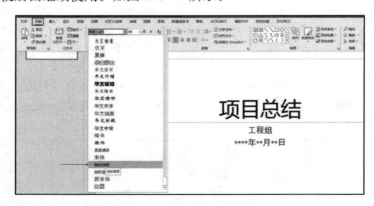

图 2.3.12　设置字体

"字体"组可以设置字体、字号、增大字号、减少字号，加粗、倾斜、下划线、文字阴影，删除线、字符间距、更改大小写，以及文字的颜色。更多功能需单击"字体"组右下方的"字体"按钮，打开"字体"对话框，进一步对文字进行设置，如图 2.3.13 所示。

图 2.3.13　设置文字的字体

● 目录。单击【开始】→【幻灯片】→"新建幻灯片"下方的下拉按钮，选择"标题和内容"，输入文字、创建目录幻灯片，如图 2.3.14 所示。

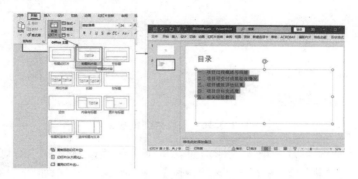

图 2.3.14　输入目录

设置段落。选择"目录"下面的 5 行文字，单击【开始】→【段落】→"行距"右侧的下拉按钮，选择"1.5 倍行距"。调整段落的间距，使得幻灯片更加美观大方。

"段落"组可以设置项目符号、编号、降低/提高列表级别、行距，左对齐、居中、右对齐、两端对齐、分散对齐、添加或删除栏，文字方向、对齐文本、转换为 SmartArt 图形。更多功能需单击"段落"组右下方的"段落"按钮，打开"段落"对话框，进一步对段落进行设置，"段落"对话框中的段前间距、段后间距和多倍行距可以满足行距的任意要求，如图 2.3.15 所示。

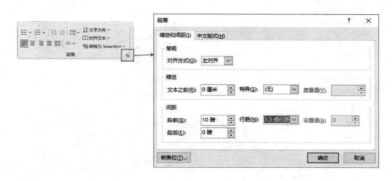

图 2.3.15　设置段落

● 内容。根据目录幻灯片，至少需要 5 张展示演示文稿内容的幻灯片。新建版式为"标题和内容"的 5 张幻灯片，在幻灯片标题处复制、粘贴目录的 5 个内容，如图 2.3.16 所示。

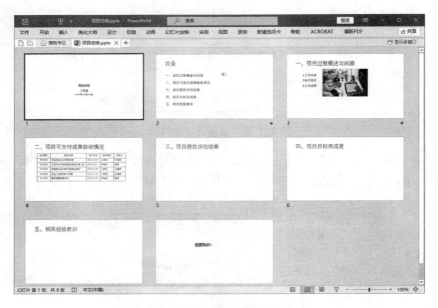

图 2.3.16　幻灯片浏览视图

● 封底。封底幻灯片一般为致谢信息，单击工作界面右下方"幻灯片浏览"，如图 2.3.16 所示。单击【视图】→【演示文稿视图】→"大纲视图"，如图 2.3.17 所示，大纲视图下也能输入文本，调整幻灯片次序等。

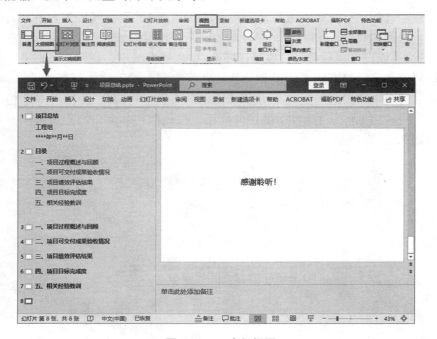

图 2.3.17　大纲视图

（2）图片操作。

在 PPT 中插入图片可以提升视觉传达力，图文并茂更有助于表达演示文稿的主题。

● 插入图片。选择第 3 张幻灯片"项目过程概述与回顾"，单击【插入】→【图片】→"图像集"，如图 2.3.18 所示。在打开的"插入图片"对话框中选择要插入的图片或者照片，单击"打开"按钮，于是在幻灯片中插入了图片，效果如图 2.3.19 所示。

图 2.3.18　插入图片

图 2.3.19　插入了图片的幻灯片

也可以通过单击幻灯片中部的占位符来快速插入图片。单击占位符中的"插入图片"按钮，同样可以打开"插入图片"对话框，如图 2.3.20 所示。

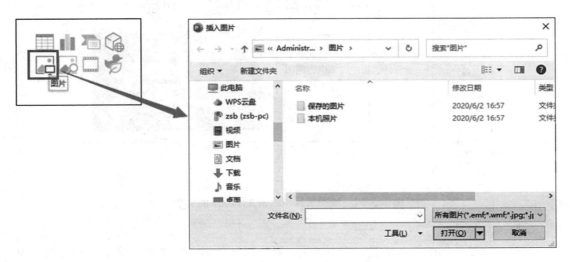

图 2.3.20　"插入图片"对话框

● 对图片进行编辑。在幻灯片中插入图片后，PowerPoint 工作界面的功能区中出现"图片格式"选项卡，如图 2.3.21 所示。利用该选项卡上的各种命令按钮，可以根据需要对图片进行调整，如位置、大小、旋转、叠放次序、组合，设置图片的颜色效果、艺术效果、压缩、裁剪等。

图 2.3.21 "图片格式"选项卡

（3）图形操作。

PowerPoint 提供了强大的绘图工具用于在幻灯片中加入形状，如线条、形状、箭头公式、流程图、标注、动作按钮等。

选中需要绘图的幻灯片，单击【开始】→【绘图】→"文本框"按钮，如图 2.3.22 所示，这时鼠标变为"↓"，按住鼠标左键不放拖动鼠标进行绘制，绘制完成后，释放鼠标左键。

绘制了一个文本框后，单击鼠标右键，在弹出的快捷菜单中选择"编辑文字"，这时文本框中出现闪烁的光标，就可以输入文字了，还可以调整文字的字体、字号、段落间距等，如图 2.3.22 所示。单击"绘图"右侧的"其他"按钮，在下拉列表中可以选择需要绘制的各种形状。图形绘制完成后，还可以根据需要添加文字、调整图形的位置和大小、对图形进行旋转或翻转、设置叠放次序、进行对象的组合等。

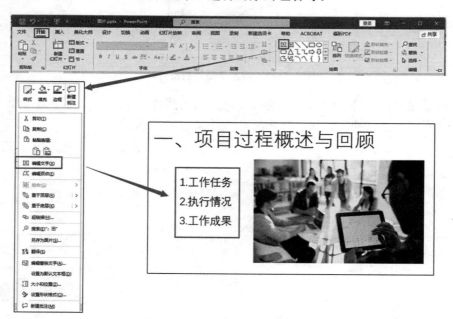

图 2.3.22 绘图工具和编辑文本框中的文字

（4）表格操作。

表格是表达数据的强大工具，使用这类工具可以使数据一目了然、简洁直观。在"项目总结"PPT 的第 4 个幻灯片中插入表格,单击【插入】→【表格】→"表格"选项,将鼠标指针移至下拉菜单中的小栅格处,如图 2.3.23 所示。可以看到随着鼠标指针的移动,被选中的小栅格变色,幻灯片中出现表格预览。确定了表格的行和列后单击鼠标即可。

图 2.3.23　插入表格

若要插入比较复杂的表格,可以单击【插入】→【表格】→"插入表格"选项,此时弹出"插入表格"对话框,如图 2.3.24 所示。在该对话框中设置表格的列数和行数,单击"确定"按钮即可。

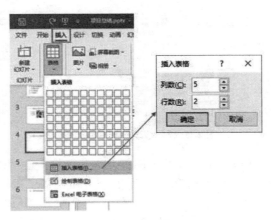

图 2.3.24　"插入表格"对话框

另外,快速插入表格还可以使用幻灯片中部的占位符。单击占位符中的"插入表格"按钮,同样可以打开"插入表格"对话框。如图 2.3.25 所示。

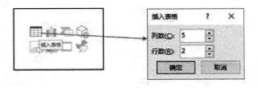

图 2.3.25　快速插入表格

在幻灯片中插入表格后,功能菜单区会出现"表设计"和"布局"两个选项卡,如图 2.3.26 所示。

图 2.3.26　"表设计"和"布局"选项卡

在表格中输入文字后，单击【表设计】→【表格样式】→"其他"下拉按钮，在弹出的菜单中选择适合的表格样式。如图 2.3.27 所示。

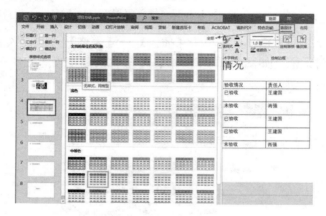

图 2.3.27　"表格样式"选项

表格可以像文本框一样被选中、移动、调整大小和删除。还可以使用选项卡中的其他命令设计表格样式，如插入表格的行和列、改变行高和列宽、进行单元格的拆分和合并等。如图 2.3.28 所示。

二、项目可交付成果验收情况

合同编号	项目名称	签订时间	验收情况	责任人
2015001	海豆食品公司风管改造	2015-2-18	已验收	王建国
2015002	文化中心中央空调采购及安装工程	2015-3-8	未验收	肖强
2015003	银桂苑小区2栋803房傅总雅居	2015-6-20	已验收	王建国
2015004	北辰三角洲6栋2206楼	2015-7-10	已验收	王建国
2015005	曙光路健铭典当行	2015-8-16	未验收	肖强

图 2.3.28　设置表格样式

4）演示文稿的格式

一份好的演示文稿不仅要有好的内容，还要对演示文稿的外观进行格式设置。Power-

Point 2021 提供了对幻灯片版式、母版、配色方案和设计模板的设置功能，可方便直观对演示文稿的外观进行调整和设置。

（1）选用幻灯片版式。

在创建幻灯片时，PowerPoint 2021 提供了多种幻灯片版式，用于制作不同类型的幻灯片。除空白版式外，所有版式都包含一些对象的占位符，在不同的对象占位符中可以插入不同的的内容，如文字、图形、图表等，如图 2.3.29 所示。

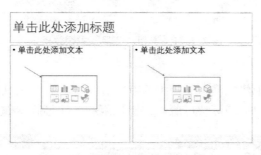

图 2.3.29　版式占位符

用户可以更改以前使用的自动版式。例如将"项目总结"PPT 的第 5 张幻灯片的"标题与内容"版式改为"两栏内容"，方法是先选中第 5 张幻灯片，单击【开始】→【幻灯片】→"版式"中的"两栏内容"，如图 2.3.30 所示。

注意：选择需要的版式，系统会将其应用到当前幻灯片上。重新应用版式后，幻灯片上原来的内容都将保留，并根据原来版式的安排套用新的版式。

图 2.3.30　更改幻灯片版式

（2）选用主题。

使用 PowerPoint 提供的主题，可以美化演示文稿的显示效果，吸引大家的注意力。

单击"设计"选项卡标签，在"主题"选项组中单击任意一个主题，该主题即可应用到所有幻灯片中，如图 2.3.31 所示。

图 2.3.31　选用"环保"主题效果

（3）母版设置。

母版又称主控，用于建立演示文稿中所有幻灯片都具有的公共属性，是所有幻灯片底版。幻灯片的母版类型包括幻灯片母版、讲义母版和备注母版。如图 2.3.32 所示。

图 2.3.32　母版类型

母版主要是针对于同步更改所有幻灯片的文本及对象而定的，例如在母版上放入一张图片，那么所有的幻灯片的同一处都将显示这张图片，如果想修改幻灯片的"母版"，那须要将视图切换到"幻灯片母版"视图中才可以修改。即对母版所做的任何改动，将应于所有使用此母版的幻灯片上，要是想只改变单个幻灯片的版面，只要对该幻灯片做修改就可以达到目的。

①幻灯片母版。

最常用的母版就是幻灯片母版，因为幻灯片母版控制的是除标题幻灯片以外的所有幻灯片的格式。

单击【视图】→【母版视图】→"幻灯片母版"，即可进入"幻灯片母版"视图。如图 2.3.33 所示。

图 2.3.33　"幻灯片母版"视图

幻灯片母版上有5个占位符，用来确定幻灯片版的版式。但这些占位符只起占位和引导用户操作的作用，并没有实际内容。占位符中的文字是无效的，仅起提示作用，可以任意输入，但它们的格式决定了幻灯片上相应对象的格式。

在幻灯片母版中选择对应的占位符，如标题样式或文本样式，可以设置字符格式、段落格式等。

要想在标题区域或文本区添加各幻灯片都共有的文本，必须使用文本框。因为文本框是独立的对象，母版中的独立对象将出现在每一张幻灯片上。而不能在母版的占位符中输入要在所有幻灯片中显示的文本，因为这时输入的文本属于占位符的一部分，而不会在所有幻灯片中显示。

● 设置页眉、页脚和幻灯片编号。

单击"插入"选项卡标签→"文本"选项组→"页眉和页脚"按钮，会弹出如图2.3.34所示对话框。

在"幻灯片"选项卡中选中"日期和时间"选项，表示在"日期区"显示的时间生效；选中"自动更新"，则时间域的时间就会随制作日期和时间的变化而变化；选中"固定"，则用户可自己输入一个日期或时间；选中"幻灯片编号"，则在"数字区"自动加上一个幻灯片数字编码；选中"页脚"，可在"页脚区"输入内容，作为每页的注释；如果不想在标题幻灯片上见到这些页脚内容，可以选中"标题幻灯片不显示"。拖动各个占位符，把各占位符位置摆放合适，不可以对它们进行格式化。

图2.3.34 "页眉和页脚"对话框

● 向母版插入对象。

要使每一张幻灯片都出现某个对象，可以向母版中插入该对象，如动画徽标、文稿标题等。注意，通过幻灯片母版插入的对象，只能在幻灯片母版状态下编辑，其他状态页中无法对其进行编辑。如果删除了幻灯片母版上的占位符，那么幻灯片上的相应区域就会失去格式控制，从而变成一块空白，该对象也从幻灯片上消失了。

②备注母版。

备注母版主要供演讲者备注使用的空间以及设置备注幻灯片的格式。可以单击"视图选项卡标签→"母版视图"选项组→"备注母版"按钮，系统就会进入备注母版视图。如图2.3.35所示。

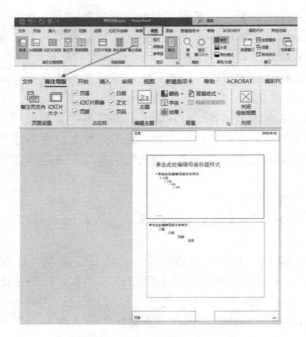

图 2.3.35 "备注母版"视图

备注母版上有 6 个占位符，这 6 个占位符都可以参照幻灯片母版的修改方法进行修改，其中的"备注文本区"可以添加项目编号，并且添加的项目只有在备注页视图或在打印幻灯片备注页时才会出现。而在演示过程中、备注窗格中或将演示文稿保存为网页后，多的项目则不会显示出来。

③讲义母版。

可以打印幻灯片作为讲义以了解演示的大体内容或为以后参考使用。讲义只显示幻灯片而不包括相应的备注，并且与幻灯片、备注不同的是，讲义是直接在讲义母版中创建的。

单击"视图"选项卡标签→"母版视图"选项组→"讲义母版"按钮，即可进入"讲义母版"视图，如图 2.3.36 所示。在讲义母版视图中有 4 个占位符和 6 个代表小幻灯片的虚框。对于增加的"页面区"，用来记录标题等信息。可以在"插入"选项卡中的"页眉与页脚"选项对话框对页眉、页脚进行设置。

④母版的背景设置。

可以为任何母版设置背景颜色，而幻灯片母版的背景设置最常用。通过对母版

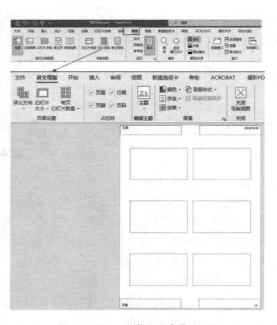

图 2.3.36 "讲义母版"视图

的设置，可以使每一张幻灯片具有相同的背景。

单击"设计"选项卡标签→"背景"选项组→"背景样式"按钮就会出现一个下拉菜单。如图 2.3.37 所示。

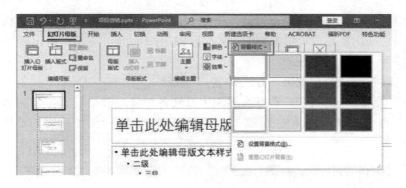

图 2.3.37　"背景样式"选项

在"背景"对话框中，打开"颜色"下拉列表就可以设置母版的背景，在其中的填充选项中，可以选择图片作为背景。

自定义幻灯片母版背景，并忽略幻灯片母版背景图形。方法如下：

● 激活幻灯片母版中需要设置背景的幻灯片，单击"幻灯片母版"选项卡中"背景"选项区的"背景样式"按钮，在下拉列表中其中的选项上，单击鼠标左键即可打开"设置背景格式"对话框。如图 2.3.38 所示。

● 在该对话框中，可以对幻灯片母版中幻灯片的背景进行无填充、纯色填充等自义设置，例如，选中"填充"选项区中的"图片或纹理填充"单选框，并在下面的属性设置选项中进行相关属性的设置。单击"关闭"按钮，即可将当前设置应用于当前幻灯片中。若单击"应用到全部"按钮，则可将当前设置应用于整个幻灯片母版中。

● 若要取消已经设置的背景，可以单击"幻灯片母版"选项卡"背景"选项区中的"背景样式"按钮，在下拉菜单中选择的"重置幻灯片背景"选项即可取消已经设置的幻灯片背景。

● 要忽略所选幻灯片主题中的背景图形，可选中"幻灯片母版"选项卡"背景"选项区中的"隐藏背景图形"复选框，即可隐藏所选幻灯片主题中的背景图形。

图 2.3.38　"设置背景格式"对话框

2.3.2　动画效果

演示文稿制作的目的是为了在观众面前展现。制作过程中，除了精心组织内容，合理设计每一张幻灯片的布局，还需要应用动画效果来控制幻灯片中的文本、声音、图像及其他对象的进入方式和顺序，以突出重点，控制信息的流程并增加幻灯片演示的观赏效果。

1. 自定义动画效果

当需要控制某一个幻灯片元素的动画效果时，例如，随意组合视觉效果、设置动画的声音和定时功能、调整设置对象的动画顺序等，就需要使用"动画"选项卡中的"添加动画"命令为幻灯片中的各个对象设置动画效果，以及激活该动画的方式（鼠标单击动作或等待某一时间自动出现）。例如，可以将文本设置为按字母、词或段落出现，或使插入的图片或图表按照一定顺序出现等。

插入、删除自定义动画效果，方法如下。

（1）选择"动画"选项卡，即可在界面中看到各种动画效果设置按钮，单击"高级动画"选项组中的"添加动画"按钮，弹出一个下拉列表，选择添加所需的动作效果。如图2.3.39 所示。

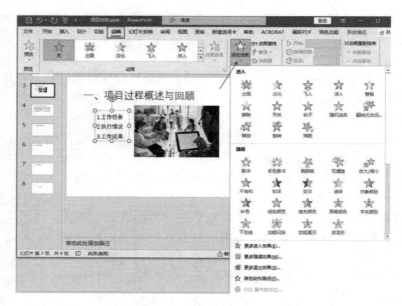

图 2.3.39　设置动画效果

（2）添加动作效果后，可在任务窗格中更改动作的开始、方向和速度。

（3）继续选择添加其他动作效果，如强调重点字体、退出时的动作、动作路径设置等。

（4）若要设置开始动画播放的时间，可在窗格中选中某个动作，右击，选择"效果选项"，在弹出的对话框（如图 2.3.40 所示）中选择"计时"选项卡，在"延时"选项中更改时间，单击"确认"按钮即可。或者直接在"计时"选项组中修改。

（5）若要删除自定义动画效果，选中要删除的一项，在弹出的列表中选择"删除"。

图 2.3.40　效果选项设置

2．片间切换

幻灯片的片间切换方式，是指演示文稿在播放过程中每一张幻灯片进入和离开屏幕时产生的视觉效果，也就是让幻灯片之间的换片以动画方式放映的特殊效果。PowerPoint 2021 提供了多种切换效果，包括平滑、淡入/淡出、推入、擦除和随机线条等。在演示文稿制作过程中，可以为指定的一张幻灯片设计片间切换效果，也可以为一组幻灯片设计相同的切换效果。

增加切换效果最好在幻灯片浏览视图状态下进行，在这种视图方式下，可以为任何一张、一组或全部幻灯片指定切换效果，并预览幻灯片切换效果。

选择要切换的幻灯片，在"切换"选项卡中选择任意一种样式（如图 2.3.41 所示），即可实现。还可以在该选项组中设置切换声音和切换速度。

图 2.3.41　"切换方案"样式列表

2.3.3　多媒体插入

1．插入音频

音频的来源主要分为来自 PC 上的音频和录制音频，下面分别进行介绍。

（1）插入来自 PC 上的音频。打开"项目总结"PPT，在第 2 张幻灯片中插入音频作为背景音乐，单击【插入】→【媒体】→"音频"中的"PC 上的音频（P）..."，随即打开"插入音频"对话框，如图 2.3.42 所示，找到所需的音频文件，单击"插入"按钮即可。这时第 2 张幻灯片中出现一个喇叭状的音频图标 ，当将鼠标指针移到该图标时，会出现音频播放条，单击播放按钮即可，如图 2.3.43 所示。如果对插入的音频不满意，选中音频图标，按 Delete 键删除即可。

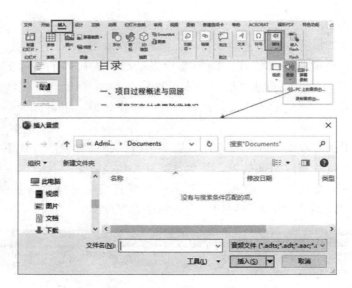

图 2.3.42　插入音频

图 2.3.43　插入音频后

（2）插入录制音频。单击【插入】→【媒体】→"音频"中的"录制音频（R）..."，随即打开"录制声音（R）..."对话框，如图 2.3.44 所示，单击录制按钮，录制结束后单击"确定"按钮，这时幻灯片中出现喇叭状的音频图标，单击该图标就可以听到刚录制的声音了。

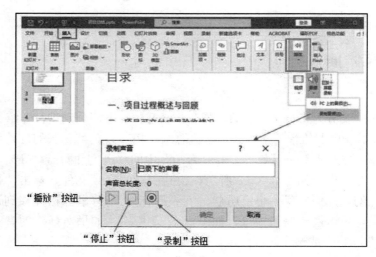

图 2.3.44　录制音频

（3）设置播放选项。在幻灯片中选择音频后；功能菜单区出现"音频格式"和"插放"两个选项卡，单击"播放"选项卡，如图 2.3.45 所示。在"音频选项"组中设置音量大小、播放方式、播放时是否隐藏音频等，在"编辑"组中可以剪裁音频，在"书签"组中可以插入书签以指定音频剪辑中的关注时间点等。

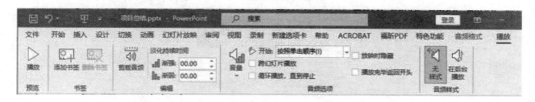

图 2.3.45 "播放"选项卡

2. 插入视频

添加视频可以为演示文稿增添活力，给观众留下深刻的印象，具有无可比拟的效果。

（1）插入联机视频。打开"项目总结"PPT，在第 3 张幻灯片中插入视频，单击【插入】→【媒体】→"视频"中的"联机视频（O）..."，随即打开"插入视频"对话框。如图 2.3.46 所示。

图 2.3.46 插入联机视频

（2）插入 PC 上的视频。单击【插入】→【媒体】→"视频"中的"此设备（T）..."，随即打开"插入视频文件"对话框，如图 2.3.47 所示，找到所需的视频文件，单击"插入"即可。这时幻灯片中出现一个视频窗口，当将鼠标指针移到视频窗口时，出现播放条，单击播放按钮即可。如果对插入的视频不满意，选中视频窗口，按 Delete 键删除即可。

图 2.3.47   插入设备中的视频

2.3.4   幻灯片的放映

演示文稿制作完毕，还要经过最后一道工序，那就是播放出来。如何把演示文稿播放好，是制作和播放过程中的一项重要任务。放映演示文稿可以通过以下几种方法来实现。

1. 放映方式

打开一个演示文稿，单击"幻灯片放映"选项卡中"从头开始"选项（如图 2.3.48 所示），这时屏幕上出现整屏的幻灯片。单击鼠标左键（或按键盘空格键）可切换到下一张幻灯片。按 Esc 键可中断放映，返回幻灯片"普通"视图窗口。

提示：单击状态栏中"幻灯片放映"按钮也可实现当前幻灯片的放映。如图 2.3.49 所示。

图 2.3.48   "幻灯片放映"选项卡

图 2.3.49   "幻灯片放映"按钮

2. 自定义幻灯片放映

单击"设置幻灯片放映"按钮，弹出"设置放映方式"对话框（如图 2.3.50 所示），可以按演讲者的实际情况设置放映类型、放映选项、换片方式等。

图 2.3.50　"设置放映方式"对话框

2.4　Outlook 2021 邮件管理软件

使用 Outlook 2021 前请准备好至少一个电子邮箱，电子邮箱可以到网络上的邮箱服务提供商如网易、qq 等注册申请，作为例子，本书使用的电子邮箱为网易 126.com 电子邮箱。

电子邮箱需要开通 IMAP/SMTP 服务，登录 http：//www.126.com，输入电子邮箱账号和密码登录电子邮箱，单击电子邮箱地址旁边的"设置"，在弹出的下拉菜单选择"POP3/SMTP/IMAP"，如图 2.4.1 所示。

在打开的页面单击开启服务项里 IMAP/SMTP 旁边的"开启"，如图 2.4.2 所示，接着会出现网易账号安全提示，单击"继续开启"，用手机扫码验证发送验证信息，手机验证成功后单击"我已发送"，会出现开启 IMAP/SMTP 服务的授权密码，把该密码保存下来（请务必记下该密码，用于 Outlook 登录），单击"确定"即可。

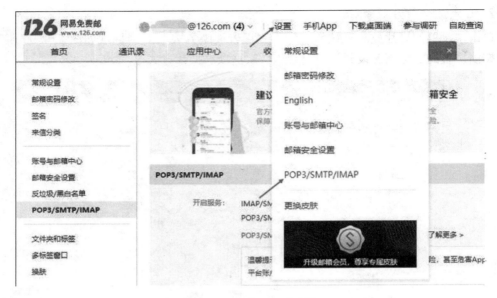

图 2.4.1　开启 IMAP 步骤 1

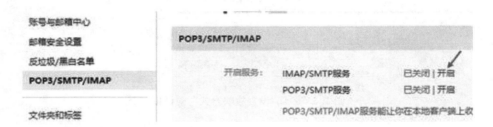

图 2.4.2　开启 IMAP 步骤 2

2.4.1　Outlook 2021 工作窗口

Outlook 2021 是电子邮件管理软件，和 Word、Excel 等软件一样，是 Office 工具包自带的软件，在电脑上安装 Office 时选择了安装 Outlook 2021 后，Outlook 2021 便会安装到电脑上。

单击开始菜单 Outlook 启动项或双击桌面上的 Outlook 图标，如图 2.4.3 所示即可启动 Outlook 2021，第一次启动 Outlook 2021 后，会出现 2.4.4 所示界面，要求输入电子邮箱（前面已经开通 IMAP/SMTP 服务的电子邮箱，本例为 126.com 邮箱），后单击"连接"按钮，出现输入密码对话框，这时输入正确的"开启 IMAP/SMTP 服务的授权密码"（非邮箱登录密码），如图 2.4.5 所示，单击"连接"，即可登录 Outlook 2021，其工作窗口如图 2.4.6 所示。

图 2.4.3　outlook 图标

图 2.4.4　输入电子邮箱　　　　　　　　　　图 2.4.5　输入密码

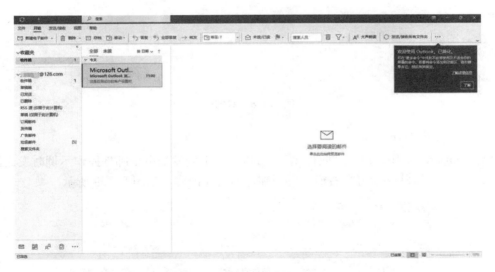

图 2.4.6　Outlook 工作窗口

2.4.2　Outlook 2021 邮件管理

1. 发送电子邮件

（1）单击【开始】，再单击【新建电子邮件】旁边的"∨"，在弹出的下拉菜单单击"电子邮件"，如图 2.4.7 所示。

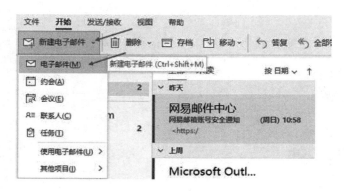

图 2.4.7　新建电子邮件步骤

（2）在弹出的"邮件"窗口填写收件人电子邮箱（可以同时发送给多个收件人，输入多个电子邮箱地址即可，电子邮箱地址间用"；"隔开）、抄送电子邮箱（抄送就是将邮件同时发送给收信人以外的人，可以不抄送）、邮件主题、邮件内容，如图 2.4.8 所示，最后单击"发送"即可，本例电子邮件发送给自己。编写电子邮件时可以对电子邮件的字体、格式等进行设置，和 Word 等操作类似。

图 2.4.8　写邮件

2. 接收电子邮件

单击 outlook 工作窗口的"收件箱"，可以看到上例发送电子邮件操作示例时发送给自己的邮件，单击该邮件即可在右窗口看到邮件的具体内容，如图 2.4.9 所示。

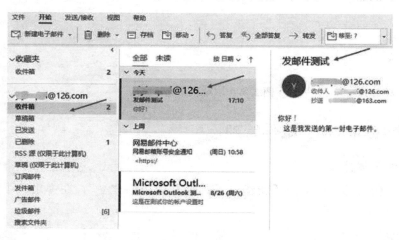

图 2.4.9　接收邮件

3. 删除电子邮件

单击某个电子邮件旁边的垃圾桶，如图 2.4.10 所示，即可以把邮件删除。已删除的邮件会在已删除文件夹，如图 2.4.11 所示。

图 2.4.10　删除邮件

图 2.4.11　已删除邮件

2.4.3　Outlook 2021 日程安排

日程安排主要包括约会和会议，约会可以是日常工作和生活的一件事。

1. 新建约会

单击【开始】，再单击【新建电子邮件】旁边的"∨"，在弹出的下拉菜单单击"约会"，会弹出"约会"窗口，在该窗口输入约会的具体内容（标题、开始时间、结束时间、地点、内容等），如图 2.4.12 所示，可以设置提前多少时间提醒，本例默认设置提前 15 分钟提醒。在该窗口可以按需设置定期，单击"标记为定期（A）"会弹出如图 2.4.13 所示"约会周期"对话框，本例设置"按月"周期，单击"确定"完成约会周期设置，退回到约会窗口，输入完成所有内容后单击"保存并发送"，如图 2.4.14 所示，即可以建立一个约会。

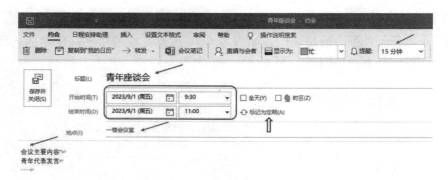

图 2.4.12　建立约会

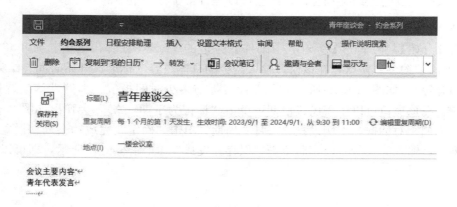

图 2.4.13　定期

图 2.4.14　保存并关闭

2. 新建会议

单击【开始】，再单击【新建电子邮件】旁边的"∨"，在弹出的下拉菜单单击"会议"，会弹出"会议"窗口，在该窗口输入会议的具体内容：会议标题，参会人电子邮箱（多个电子邮箱地址间用"；"隔开），会议开始和结束的日期、时间，会议地点，会议内容等。如图 2.4.15 所示。

图 2.4.15　建立会议

在"会议"窗口单击【日程安排助理】可以打开日程安排助理，如图 2.4.16 所示。再次单击【会议】可以返回建立会议窗口，最后单击"发送"即可完成会议的创建。

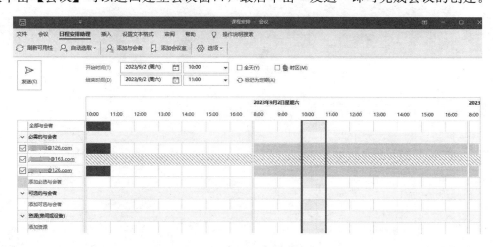

图 2.4.16　日程安排助理

3. 查看日程安排

单击 Outlook 2021 工作窗口左下角的"日程"图标，可以查看到已经安排好的日程工作，如图 2.4.17 所示。

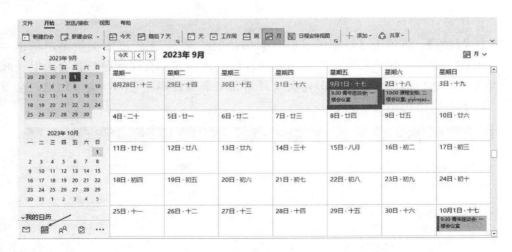

图 2.4.17　查看日程安排

2.4.4　Outlook 2021 联系人管理

1. 新建联系人

单击【开始】，再单击【新建电子邮件】旁边的"∨"，在弹出的下拉菜单单击"联系"，会弹出"联系人"窗口，在该窗口输入会议的具体内容：姓氏/名字，公司，电子邮箱，电话号码，地址等。如图 2.4.18 所示。最后单击"保存并关闭"即可建立联系人。

图 2.4.18　建立联系人

2. 查看联系人

单击 Outlook 2021 工作窗口左下角的"联系人"图标，可以查看到已经建立的联系人，如图 2.4.19 所示。

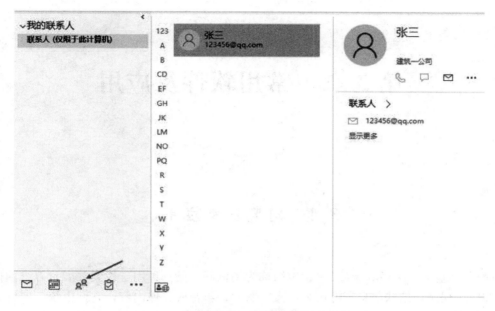

图 2.4.19　查看联系人

第3章 常用软件及应用

3.1 浏览器及应用

网页浏览器（web browser），常被简称为浏览器，是一种用于检索并展示万维网信息资源的应用程序，这些信息资源可为网页、图片、影音或其他内容，它们由统一的资源标识符所标记，信息资源中的超链接可使用户方便地浏览相关信息。

网页浏览器主要通过 HTTP（超文本传输）协议与网页服务器交互并获取网页，这些网页由 URL（统一资源定位符）指定，文件格式通常为 HTML（超文本标记语言）。Internet Explorer（IE）浏览器是 windows 操作系统自带的一款浏览器，操作系统安装后桌面会出现如图 3.1.1 所示的快捷方式，双击该快捷方式，出现如图 3.1.2 所示界面（上），在地址栏输入网址，按回车键即可浏览相应网页，例如输入百度网址 www.baidu.com，按回车键后显示如图 3.1.2 所示百度首页（下）。

图 3.1.1 IE 快捷方式

图 3.1.2 浏览网页

下面介绍几种常用浏览器的使用方法。

3.1.1 谷歌 Chrome

Google 旗下的 Chrome 浏览器是当之无愧的全球最受欢迎的网络浏览器，据 Similarweb 的统计数据，如今 Chrome 占据了超过 60% 的全球浏览器市场份额。

（1）下载谷歌浏览器安装文件，在百度（www.baidu.com）首页的文本框输入"谷歌浏览器官网下载"，再单击"百度一下"按钮，找到如图 3.1.3 所示链接。

图 3.1.3 搜索谷歌浏览器

（2）单击图 3.1.3 中的"普通下载"按钮，出现"下载"对话框，单击对话框中的"另存为"按钮后，出现"另存为"对话框。如图 3.1.4 所示，选择保存的位置后，单击"保存"按钮即可。

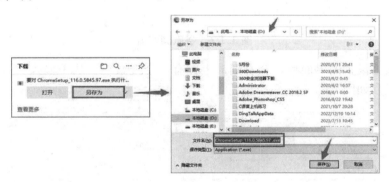

图 3.1.4 下载谷歌浏览器

（3）找到图 3.1.4 下载的文件"ChromeSetup_116.0.5845.97.exe"，然后双击该文件名，就可安装了。安装成功后，桌面出现如图 3.1.5 所示谷歌浏览器快捷方式。

图 3.1.5 谷歌浏览器快捷方式

（4）双击桌面图 3.1.5 所示的图标，然后点击最右上方的菜单栏选择设置，出现如图 3.1.6 所示的界面。

图 3.1.6 谷歌浏览器

（5）进入到设置的界面后，会看到最上方有一个搜索栏，从中输入"百度"，设置为默认搜索工具。如图 3.1.7 所示。

图 3.1.7 设置默认搜索工具

　　（6）设置好之后重新打开谷歌浏览器，然后直接在最上面的地址栏输入需要搜索的内容，按回车键，这样就能够直接搜索了。例如在地址栏输入"信息技术"，按回车键后会搜索出所有含关键词"信息技术"的相关链接的页面。如图 3.1.8 所示。

图 3.1.8　应用谷歌浏览器进行搜索

3.1.2　火狐 Firefox

　　火狐浏览器（Firefox 浏览器）是一种区别于 IE 浏览器的新型浏览器，除了具有网页浏览器的功能之外，还包括更多特色功能，如阻止弹出广告，集成 google 工具栏功能，并且整合了多种搜索引擎，能实现更方便的信息检索等。

　　（1）下载"火狐浏览器"安装文件，在百度（www. baidu. com）首页的文本框输入Firefox，然后单击"百度一下"按钮，找到如图 3.1.9 所示的链接，单击"普通下载"按钮。

图 3.1.9　搜索 Firefox

（2）单击已下载的安装文件，如图 3.1.10 所示。

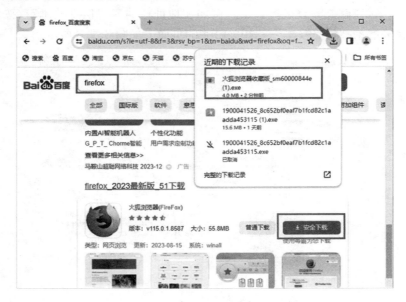

图 3.1.10　Firefox 安装文件

（3）进入安装向导，如图 3.1.11 所示，单击"运行"按钮。

图 3.1.11　运行安装文件

（4）出现如图 3.1.12 所示的安装界面。

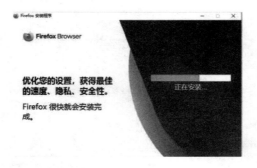

图 3.1.12　安装火狐

（5）安装完成后桌面出现火狐浏览器快捷方式，如图 3.1.13 所示。

图 3.1.13　火狐浏览器快捷方式

（6）双击桌面火狐浏览器快捷方式，出现如图 3.1.14 所示界面，在地址栏输入需要搜索的内容或网址即可。若单击"将 Firefox 设为默认浏览器"按钮，则任何网页第一个显示出来的浏览器就是火狐浏览器。

图 3.1.14　火狐浏览器界面

3.1.3　360 安全浏览器

360 安全浏览器是互联网上安全好用的新一代浏览器，拥有国内领先的恶意网址库，采用云查杀引擎，可自动拦截挂马、欺诈、网银仿冒等恶意网址。独创的"隔离模式"，让用户在访问木马网站时也不会感染。无痕浏览，能够更大限度保护用户的上网隐私。360 安全浏览器体积小巧、速度快、极少崩溃，并拥有翻译、截图、鼠标手势、广告过滤等几十种实用功能，已成为广大网民上网的优先选择。

1. 软件安装

（1）下载"360 安全浏览器"安装文件，在百度（www.baidu.com）首页的文本框输入"360 安全浏览器"，单击"百度一下"按钮，如图 3.1.15 所示，然后单击"立即下载"按钮。

图 3.1.15　搜索"360 安全浏览器"

（2）单击已下载的安装文件，如图 3.1.16 所示。

图 3.1.16　"360 安全浏览器"安装文件

（3）出现如图 3.1.17 所示界面，单击"自定义安装"按钮。

图 3.1.17　安装 360 安全浏览器界面

（4）选择"自定义安装"选项，主要是为了我们安装该软件之后，不影响电脑的运行速度，在出现的选择页面中，如图 3.1.18 所示，我们点击安装位置一栏后面的"浏览"按钮，就能够自定义选择其他的安装位置（我这里是默认位置），复选框中选择"添加到桌面快捷方式"，然后单击"立即安装"按钮。

图 3.1.18　自定义安装

（5）等待浏览器安装完成之后，桌面出现如图 3.1.19 所示"360 安全浏览器"的快捷方式。

图 3.1.19　"360 安全浏览器"快捷图标

2. 使用技巧

（1）双击桌面如图 3.1.19 所示的"360 安全浏览器"快捷方式，显示如图 3.1.20 所示的界面，可以直接点击网络名称浏览和查看信息。

图 3.1.20　"360 安全浏览器"首页

（2）"360 安全浏览器"首页顶部的网址栏如图 3.1.21 所示，我们可以直接输入任何网址，按回车键就可以访问了。

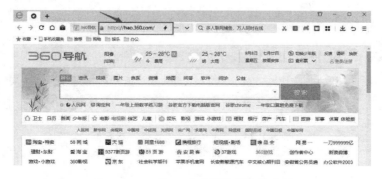

图 3.1.21　"360 安全浏览器"网址栏

（3）"360 安全浏览器"首页的搜索框，如图 3.1.22 所示，输入你要查找的内容，然后点击"搜索"按钮或者按回车键都行，就可显示你要查找的相关信息，例如输入"信息技术"，显示的内容如图 3.1.23 所示。

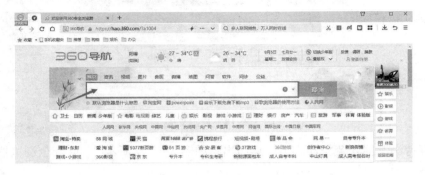

图 3.1.22　"360 安全浏览器"搜索框

图 3.1.23　搜索"信息技术"关键词

（4）"360 安全浏览器"首页一个还有搜索框，在标题栏下面，如图 3.1.24 所示，操作及效果同（3）。

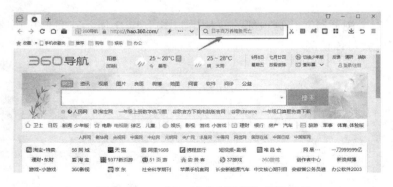

图 3.1.24　"360 安全浏览器"搜索框

（5）"360 安全浏览器"首页右上角有个"显示浏览器工具及常用设置选项"按钮，单击该按钮显示如图 3.1.25 所示的快捷菜单，可以根据自己的需求来设置。

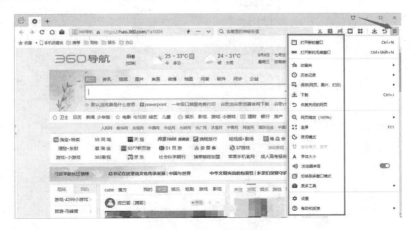

图 3.1.25　"显示浏览器工具及常用设置选项"按钮

3.2　压缩/解压软件

3.2.1　WinRAR 软件

WinRAR 是一款强大的压缩解压文件的软件，其使用简单方便，可以创建、管理压缩文件，是目前比较流行的压缩工具。个人版 WinRAR 软件完全免费。

1. 下载安装 WinRAR 软件

使用 3.1 节介绍的谷歌浏览器登录 WinRAR 中国地区官网 https://www.winrar.com.cn 下载 WinRAR 软件，根据自己电脑的配置选择 32 位下载或 64 位下载，如图 3.2.1 所示，本例单击"64 位下载"，文件会开始下载，这时单击谷歌浏览器右上角的"⋮"，在弹出的下拉菜单单击"下载内容"，如图 3.2.2 所示，即可打开下载窗口，查看正在下载的 WinRAR安装文件。

图 3.2.1　WinRAR 官网

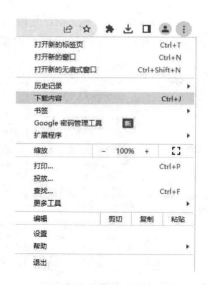

图 3.2.2　WinRAR 下载

　　下载完成后的文件如图 3.2.3 所示，双击该文件弹出如图 3.2.4 所示对话框，单击"浏览"选择安装的位置，再单击"安装"开始安装软件。

图 3.2.3　WinRAR
下载完成

图 3.2.4　安装

　　安装过程中出现如图 3.2.5 所示对话框，直接单击"确定"，安装完成如图 3.2.6 所示，完成后会出现 3.2.7 所示窗口，把该窗口关闭就可以了，即可以使用 WinRAR 软件了。

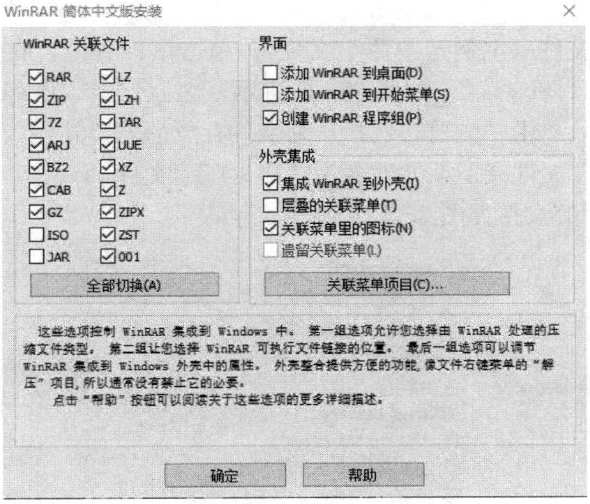

图 3.2.5 确定

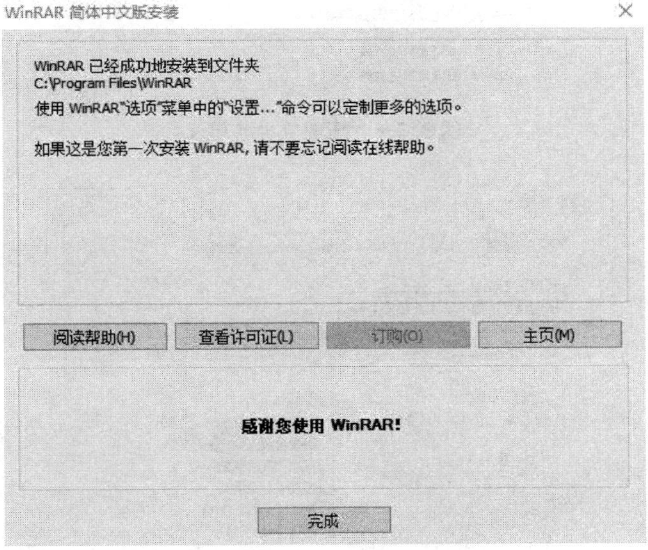

图 3.2.6 安装完成

图 3.2.7 安装完成弹窗

2. 压缩文件

选中需要压缩的文件（本例选中两个文件），单击鼠标右键，在弹出的右键菜单中选择"添加到压缩文件（A）..."，如图3.2.8所示，之后弹出"压缩文件名和参数"对话框，如图3.2.9所示，单击"浏览"选择压缩文件存放的位置并输入文件名（本例存放到"F:\教材案例\123"文件夹下，文件名为"教材压缩文件.rar"），其他默认设置，最后单击"确定"。压缩后的文件如图3.2.10所示。

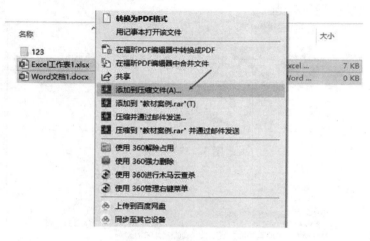

图3.2.8　压缩文件步骤1

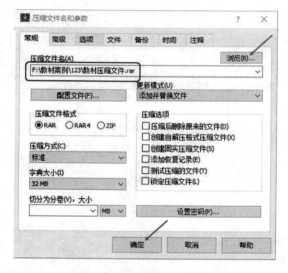

图3.2.9　压缩文件步骤2

教材压缩文件.rar　　　　　　2023/9/6 16:05　　WinRAR 压缩文件　　　6 KB

图3.2.10　压缩后文件

3. 解压文件

选中需要解压的文件（本例选中上例的压缩文件"教材压缩文件.rar"），单击鼠标右键，在弹出的右键菜单中选择"解压文件（A）..."，如图 3.2.11 所示，之后弹出"解压路径和选项"对话框，如图 3.2.12 所示，单击右边圆角矩形框选的地方选择解压文件存放的位置（本例存放到桌面），其他默认设置，最后单击"确定"。压缩后的文件如图 3.2.13 所示。

图 3.2.11　解压缩步骤 1

图 3.2.12　解压缩步骤 2　　　　　　**图 3.2.13　解压后文件**

3.2.2　7-Zip 软件

7-Zip 是一款拥有极高压缩比的开源压缩/解压软件，软件小巧灵活，用户界面直观，使用简单，功能强大，实用性比较强。

1. 下载安装 7-Zip 软件

使用 3.1 节介绍的谷歌浏览器登录 7-Zip 官网 https：//www.7-zip.org 下载 7-Zip 软件，根据自己电脑的配置情况选择下载的版本（本例选择第一个），如图 3.2.14 所示，单击 64 位下载，文件会开始下载，这时单击谷歌浏览器右上角的"："，在弹出的下拉菜单单击"下载内容"，即可打开下载窗口，如图 3.2.15 所示，查看正在下载的 7-Zip 安装文件。

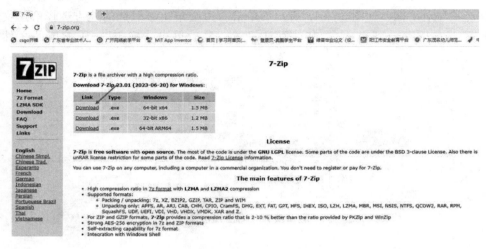

图 3.2.14　7-Zip 官网

图 3.2.15　7-Zip 下载

下载完成后的文件如图 3.2.16 所示，双击该文件弹出如图 3.2.17 所示对话框，单击"…"选择安装的位置后，再单击"install"开始安装软件。接着出现如图 3.2.18 所示对话框，单击"Close"完成安装。

图 3.2.16　7-Zip 下载完成

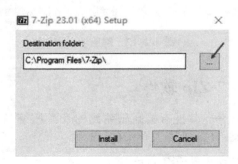
图 3.2.17　7-Zip 安装

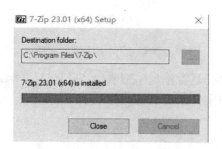

图 3.2.18　7-Zip 安装完成

2．压缩文件

选中需要压缩的文件（本例选中两个文件），单击鼠标右键，在弹出的右键菜单中选择"7-Zip"，再单击"添加到压缩包..."，如图 3.2.19 所示，之后弹出"添加到压缩包"对话框，如图 3.2.20 所示，单击"..."选择压缩文件存放的位置并输入文件名（本例存放到"F:\ 教材案例"文件夹下，文件名为"Zip 压缩文件案例 .7z"，并添加压缩密码000），其他默认设置，最后单击"确定"。压缩后的文件如图 3.2.21 所示。

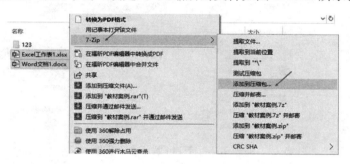

图 3.2.19　7-Zip 压缩文件步骤

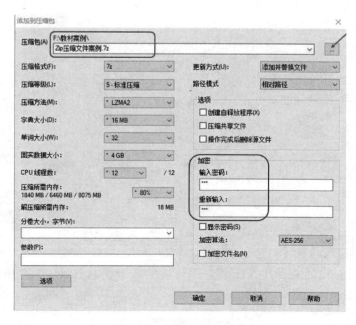

图 3.2.20　添加到压缩包

Zip压缩文件案例.7z   2023/9/7 9:34   WinRAR 压缩文件   6 KB

图 3.2.21   7-Zip 压缩后文件

注意：可以根据需要选择是否添加压缩密码，一般不需要保密的文件不用添加压缩密码，添加了压缩密码的压缩文件，需要密码才能解压或打开。

3. 解压文件

选中需要解压的文件（本例选中上例的压缩文件"Zip 压缩文件案例 .7z"），单击鼠标右键，在弹出的右键菜单中选择"7-Zip"，再单击"提取文件..."，如图 3.2.22 所示，之后弹出"提取文件"对话框，如图 3.2.23 所示，单击"…"选择解压文件存放的位置（本例存放到"F:\教材案例"文件夹下），并输入解压密码（本例解压密码为"000"，如果压缩文件时没有添加密码则不需要输入密码），其他默认设置，最后单击"确定"。

图 3.2.22   7-Zip 解压文件步骤

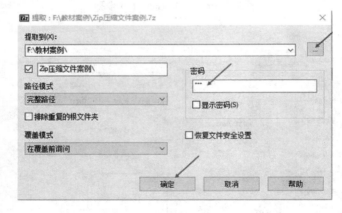

图 3.2.23   提取文件

3.2.3   360 压缩

360 压缩是新一代的免费压缩工具，跟传统的压缩工具相比，360 压缩体积更轻巧、兼容性更好，压缩速度更快，支持 rar、zip、iso、7z 等 42 种压缩格式，内置木马扫描功能，更安全。

1. 下载安装 360 压缩软件

使用 3.1 节介绍的谷歌浏览器登录 360 压缩官网 https：//yasuo.360.cn 下载 360 压缩软件，如图 3.2.24 所示，单击"立即下载"，文件会开始下载，这时单击谷歌浏览器右上角的"⋮"，在弹出的下拉菜单单击"下载内容"，如图 3.2.25 所示，即可打开下载窗口，查看正在下载的 360 压缩安装文件。

图 3.2.24　360 压缩官网

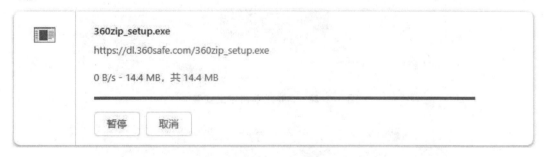

图 3.2.25　360 压缩下载

下载完成后的文件如图 3.2.26 所示，双击该文件弹出如图 3.2.27 所示对话框，单击"自定义安装"，弹出如图 3.2.28 所示对话框，单击"更改目录"选择安装的位置，勾选"阅读并同意许可协议和隐私保护"前面的选择框，单击"立即安装"开始安装软件。安装完成会出现如图 3.2.29 所示对话框，单击"立即使用"即可打开 360 压缩软件。

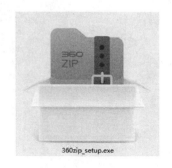

图 3.2.26　360 压缩下载完成

图 3.2.27　360 压缩安装向导

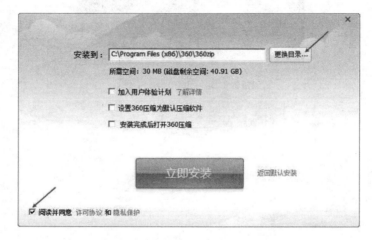

图 3.2.28　360 压缩自定义安装

图 3.2.29　360 压缩安装完成

2. 压缩文件

单击开始菜单的 360 压缩或双击桌面的 360 压缩快捷方式（如图 3.2.30 所示），打开 360 压缩主界面，如图 3.2.31 所示，单击"▼"打开需要压缩文件所在位置（第一步箭头所示），选中需要压缩的文件（第二步箭头所示），单击"添加"（第三步箭头所示），这时会弹出创建压缩文件对话框，如图 3.2.32 所示，单击"自定义"，进行自定义压缩配置，压缩格式有"ZIP"和"7Z"两种，本例选择

图 3.2.30　360 压缩桌面快捷方式

"ZIP"格式，输入压缩文件名"360 压缩案例.zip"，最后单击"立即压缩"，即可创建一个压缩文件。

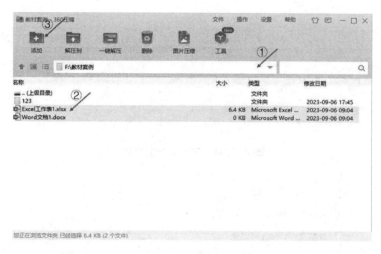

图 3.2.31　360 压缩主界面

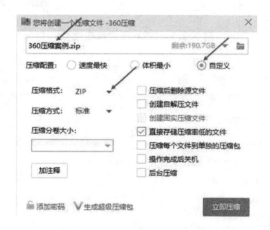

图 3.2.32　360 压缩创建压缩文件

3. 解压文件

打开 360 压缩主界面，如图 3.2.33 所示，选中需要解压的压缩文件（第一步箭头所示），单击"解压到"（第一步箭头所示），这时会弹出如图 3.2.34 所示对话框，选中解压

文件存放的位置，单击"高级选项"可以打开高级选项进行配置，如图 3.2.35 所示，最后单击"立即解压"。

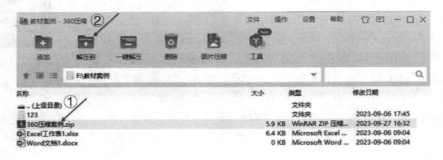

图 3.2.33　360 压缩主界面

图 3.2.34　360 压缩解压文件

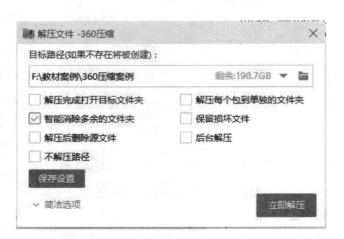

图 3.2.35　360 压缩解压高级选项

3.3　媒体播放器

3.3.1　VLC 播放器

VLC 是一款强大的多媒体播放器，能播放当今大多数媒体文件及视频格式，是完全免费、自由的媒体播放器。

1. 下载安装 VLC 播放器

使用 3.1 节介绍的谷歌浏览器登录 VLC 多媒体播放器官网 https：//www.videolan.org/vlc 下载最新版软件，如图 3.3.1 所示，单击"下载 VLC"旁边的"∨"，在弹出的下拉菜单中单击第二项"Windows 64 bit"（基于 Windows 的 64 位 VLC 多媒体播放器，需要根据自己电脑配置来选择第几项下载），接着会出现如图 3.3.2 所示窗口，等待几秒钟后会开始下载，任务栏中谷歌浏览器图标的绿色进度显示的是下载进度。也可以单击谷歌浏览器右上角的"⋮"，在弹出的下拉菜单单击"下载内容"，如图 3.3.3 所示，打开下载窗口，如图 3.3.4 所示，显示的是正在下载的 VLC。

图 3.3.1　VLC 官网

图 3.3.2　VLC 下载

图 3.3.3　谷歌打开下载窗口步骤

图 3.3.4　谷歌下载窗口

下载完成后的文件如图 3.3.5 所示。

图 3.3.5　VLC 下载完成

2. 安装 VLC 播放器

双击图 3.3.5 下载文件，弹出如图 3.3.6 所示对话框，单击"OK"开始安装软件。

图 3.3.6　VLC 安装

在出现的"VLC media payer 安装"向导对话框,如图 3.3.7 所示,单击下一步。接着再单击下一步,如 3.3.8 所示,再次单击下一步,如图 3.3.9 所示,接着在出现的如图 3.3.10 所示对话框,单击"浏览"选择安装的位置,再单击"安装"开始安装软件,如图 3.3.11 所示,VLC 正在安装。最后在出现的对话框中单击"完成"完成 VLC 安装,如图 3.3.12 所示。

图 3.3.7　VLC 安装向导 1

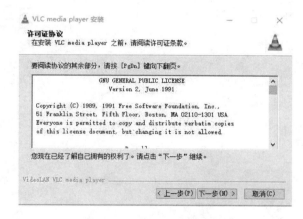

图 3.3.8　VLC 安装向导 2

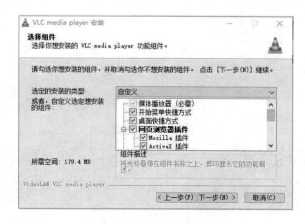

图 3.3.9　VLC 安装向导 3

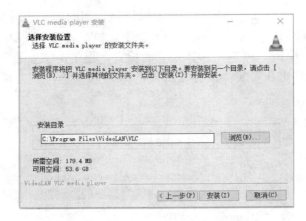

图 3.3.10　VLC 安装向导 4

图 3.3.11　VLC 正在安装

图 3.3.12　VLC 安装完成

3. 使用 VLC 播放器

单击开始菜单的 VLC 图标，如图 3.3.13 所示，打开 VLC 多媒体播放器，打开后的 VLC 多媒体播放器窗口如图 3.3.14 所示。

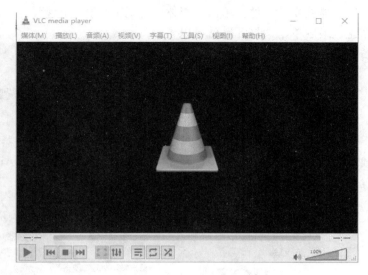

图 3.3.13　打开 VLC　　　　　　　　　图 3.3.14　VLC 播放窗口

（1）播放视频文件。单击"媒体"，选择"打开文件"或"打开多个文件"，如图 3.3.15 所示，在弹出的对话框中选择要播放的视频，如图 3.3.16 所示，最后单击"打开"就可以播放了。

图 3.3.15　打开播放文件

图 3.3.16　选择播放文件

（2）播放光盘文件。单击"媒体"，选择"打开光盘"，在弹出的对话框中选择要打开的光盘，最后单击"打开"就可以了。

3.3.2　PotPlayer 播放器

PotPlayer 新一代网络播放器，其优势在于拥有强大的内置解码器。

1. 下载 PotPlayer 播放器

使用 3.1 节介绍的谷歌浏览器登录 PotPlayer 多媒体播放器官网 http：//potplayer.tv 下载最新版软件，如图 3.3.17 所示，单击"64bit DOWNLOAD"（可以根据自己电脑的配置选择 32 位或 64 位下载），开始下载。

图 3.3.17　PotPlayer 官网

单击谷歌浏览器右上角的"⋮"，在弹出的下拉菜单单击"下载内容"，打开下载窗口，如图 3.3.18 所示，显示的是已经下载完成的 PotPlayer。

图 3.3.18　PotPlayer 下载完成

单击图 3.3.18 中的"在文件夹中显示"，打开下载文件所在文件夹，下载后的 Pot-Player 文件如图 3.3.19 所示。

图 3.3.19　PotPlayer 下载文件

2. 安装 PotPlayer 播放器

双击下载文件"PotPlayerSetup64.exe",在弹出
如图 3.3.20 所示安装向导对话框中,单击"OK",在
出现如图 3.3.21 所示对话框中,单击"下一步",在
出现如图 3.3.22 所示对话框中,单击"我接受",在
出现如图 3.3.23 所示对话框中,单击"下一步",在
出现如图 3.3.24 所示对话框中,单击"浏览"选择安

图 3.3.20　**PotPlayer 安装选择语言**

装的位置,再单击"安装",会出现如图 3.3.25 所示对话框,PotPlayer 正在安装中,等
待几秒,会出现如图 3.3.26 所示对话框,显示安装完成,单击"关闭"完成安装并继续
安装额外的编解码器,等待几秒就可以完成编解码器安装,最后出现安装完成的 PotPlay-
er 工作窗口,如图 3.3.27 所示。

图 3.3.21　**PotPlayer 安装向导 1**

图 3.3.22　**PotPlayer 安装向导 2**

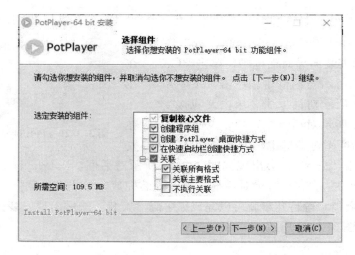

图 3.3.23 PotPlayer 安装向导 3

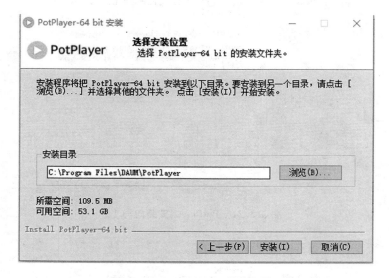

图 3.3.24 PotPlayer 安装向导 4

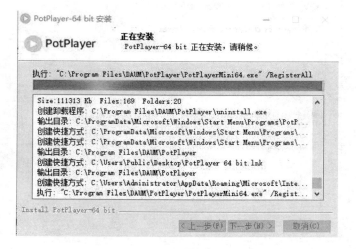

图 3.3.25 PotPlayer 安装中

图 3.3.26　PotPlayer 安装完成

图 3.3.27　PotPlayer 工作窗口

3. 使用 PotPlayer 播放器

单击 PotPlayer 播放器工作界面左上角 "PotPlayer" 旁边的 "∨"，如图 3.3.28 所示，在弹出的下拉菜单单击 "打开文件"，在弹出的 "打开" 对话框中选择需要播放的视频文件，如图 3.3.29 所示，再单击 "打开"，即可以播放视频。

图 3.3.28　PotPlayer 打开文件

图 3.3.29　PotPlayer 选择打开的文件

3.4 Photoshop 基础

Photoshop 涉及的操作和技术太多，需要长时间的实操经验积累，本节简单介绍 Photoshop 的功能应用及相关概念。

3.4.1 初识 Photoshop

1987 年秋，美国密歇根大学计算机系博士生托马斯·洛尔（Thomes Knoll）和哥哥约翰·洛尔（John Knoll）开发出 Photoshop。

1990 年 2 月，Adobe 推出了 Photoshop 1.0。

1995 年，Adobe 公司以 3 450 万美元的价格买下了 Photoshop 的所有权。

Photoshop 2020 的下载和安装方法

打开 Adobe 公司中国官网，先注册一个 Adobe ID，然后下载桌面安装程序，用它来安装 Photoshop。

Photoshop 主要应用于平面设计、照片修复、影像创意设计、艺术字设计、网页制作、建筑效果图后期修饰、绘画、三维贴图绘制与处理、婚纱照片设计、视觉创意、图标制作界面设计等领域。

1. Photoshop 2020 工作界面

主页可以创建和打开文件、了解 Photoshop 新增功能、搜索 Adobe 资源。单击"学习"选项卡，则可切换主页，这里有很多练习教程。如图 3.4.1、图 3.4.2 所示。

图 3.4.1 工作界面图一

图 3.4.2　工作界面图二

Photoshop 工作界面由菜单、工具选项栏、图像编辑区（文档窗口）和各种面板等组成。如图 3.4.3 所示。

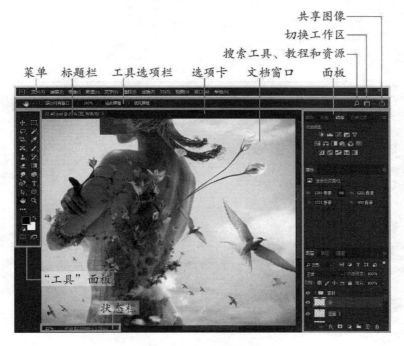

图 3.4.3　工作界面图三

2. 状态栏里的大学问

状态栏左侧的文本框中显示了文档窗口的视图比例。我们可以在这里输入百分比值，来调整视图比例。单击状态栏右侧的按钮，打开下拉菜单，在下拉菜单中可以选择状态栏显示的信息。其中的"文档大小""暂存盘大小""效率"与 Photoshop 工作效率和内存的使用情况有关。如图 3.4.4 所示。

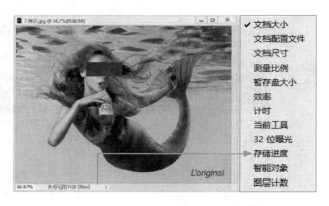

图 3.4.4　状态图

3. Photoshop 中的 7 类"武器"

Photoshop 中的 7 类"武器"工具如图 3.4.5 所示。

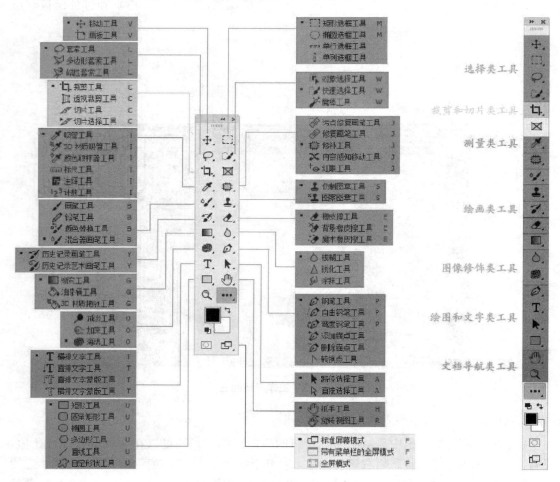

图 3.4.5　工具图一

4. 工具选项栏操作技巧

工具选项栏操作技巧如图 3.4.6 所示。

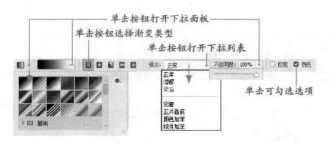

图 3.4.6　工具图二

5. 怎样使用菜单和快捷菜单

Photoshop 有 11 个主菜单，单击一个菜单，将其打开可以看到不同用途的命令间用分隔线隔开。单击有黑色三角标记的命令，可以打开其子菜单。在文档窗口空白处、在包含图像的区域，或者在面板上单击鼠标右键，可以打开快捷菜。如图 3.4.7 所示。

图 3.4.7　菜单图

6. 自定义工作区

按照自己的使用习惯重新配置了面板和快捷键以后，可以保存为自定义的工作区。以后别人使用我们的计算机时，即使修改了工作区，我们也能很快将其恢复过来。如图 3.4.8 所示。

图 3.4.8　新建工作区图

7. 从模板中创建文件

在"新建文档"对话框中，选项卡下方提供了 Adobe Stock 中的模板，可用来创建文档。

例如，单击一个模板，对话框右侧会显示它的详细信息。单击"下载"按钮，Photoshop 会提示授权来自 Adobe Stock 模板，同时进行下载。如图 3.4.9 所示。

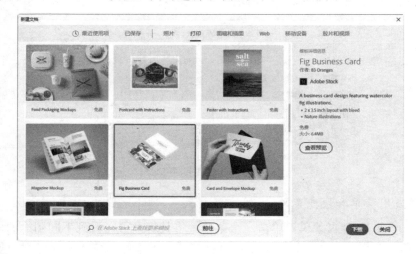

图 3.4.9　新建文档图

8. 打开出错的文件

Windows 操作系统与 macOS 系统有很大的差别，将文件从一个系统复制到另一个系统时，由于格式出错文件不能打开。当无法用"打开"命令打开文件时，可以试试"文件>打开为"命令，并指定正确的格式。如图 3.4.10 所示。

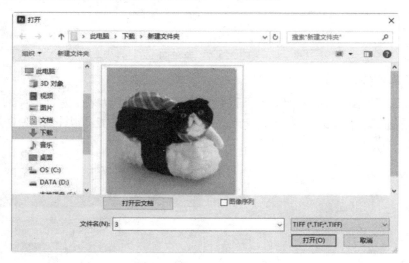

图 3.4.10　打开文件图

9. 浏览特殊格式文件

Photoshop 支持的绝大多数文件都可用 Adobe Bridge 预览，包括图像、Raw 照片、AI 和 EPS 矢量文件、PDF 文件和动态媒体文件等。

10. 与其他程序交换文件

使用"文件＞导入"子菜单中的命令可以将其他软件的文件导入 Photoshop 中。使用"文件＞导出"菜单中的命令，可以将 Photoshop 文件中的图层、画板、图层复合等导出为图像资源，或者导出到 Illustrator 或视频设备中，以满足不同的使用需要。同样，可以与好友共享文件，执行"文件＞在 Behance 上共享"命令，可以链接到 Behance 网站，将我们的作品上传到该网站。执行"文件＞共享"命令，在显示的"共享"面板中选择要用于共享资源的服务。通过电子邮件等工具将作品发送给其他人，与志同道合者分享。

最后，使用"文件＞存储"命令（快捷键为 Ctrl＋S）可以保存文件。如果想将文件另存一份，可以使用"文件＞存储为"命令操作。

3.4.2　Photoshop 相关概念

1. 点阵图

位图图像又被称为栅格图像，整个图像由许多被称为像素的色块拼合而成，且每个像素都有其特定的颜色值和位置，实际上，对位图图像的编辑是通过对每个像素的编辑来完成的。

2. 矢量图

矢量图形是由一些通过数学公式定义的直线、圆、矩形等线条和曲线（称为矢量对象）组成的图形，这些数学公式通常根据图像的几何特性对图形进行描绘。对矢量图形的编辑实际上就是通过对组成矢量图形的一个个矢量对象的编辑来完成的。

3. 像素（Pixels）

构成位图图像的每个色块都是一个像素，像素是构成图像的最小单位，每个像素只能显示一种颜色。

4. 分辨率（Resolution）

单位长度内的点数、像素数或墨点数被称为分辨率，分辨率一般用"像素/英寸"或"像素/厘米"表示。

5. 图像大小

图像文件大小是指图像数据所占用的存储空间，其度量单位一般采用千字节（KB）、兆字节（MB）或吉字节（GB）。图像的实际尺寸 ＝ 图像文件大小/图像分辨率

6. 常用的颜色模式

（1）光色模式（RGB）。在 RGB 模式的图像中，每个像素的颜色都是通过红（red）、绿（green）、蓝（blue）三种颜色分量参数来描述。

（2）四色印刷模式（CMYK）。在 CMYK 模式的图像中，每个像素的颜色都是通过青色（cyan）、洋红（magenta）、黄色（yellow）和黑色（black）四种颜色分量参数来描述。

（3）标准色模式（Lab）。在 Lab 模式的图像中，每个像素的颜色都是通过色相（hue）、饱和度（saturation）和亮度（brightness）三个分量参数来表示。

（4）灰度模式（grayscale）。在灰度颜色模式的图像中，最多可以使用 256 级灰度的黑白颜色，灰度图像中的每个像素都有一个取值范围从 0（黑色）到 255（白色）的值。

（5）位图模式（bitmap）。在位图模式的图像中，图像由黑、白两种颜色构成，且不能通过图像编辑工具对其进行编辑，而只能由灰度模式的图像转换而成。

（6）双色调模式（duotone）。在双色调模式的图像中，通常使用 2～4 种自定油墨创建双色调（两种颜色）、三色调（三种颜色）和四色调（四种颜色）的灰度图像。

（7）索引颜色模式（index）。在索引颜色模式的图像中，系统将构建一个用来存放并索引图像中颜色的颜色查找表，当图像中的某种颜色没有被包含在颜色查找表中时，系统将从现有的颜色中选择最接近的一种或使用现有颜色来模拟该颜色。索引颜色模式最多可以使用 8 位像素、256 种颜色，而且对图像只能进行有限的编辑操作。索引模式通常于多媒体动画制作或网页制作等领域。

（8）多通道模式（multichannel）。在多通道模式的图像中，每个颜色通道可以使用 256 级灰度。多通道模式常用于特殊的打印工作中。

7. 常用的图片文件格式

（1）BMP 格式。BMP 格式即位图格式，是标准的 Windows 图像格式，其扩展名为".bmp"。

（2）GIF 格式。GIF 格式是一种经过压缩的图片文件格式，其扩展名为".gif"。

（3）JPEG 格式。JPEG 格式是较常用的一种图像格式，被称为联合图片专家组格式，是一种有损失的压缩图片文件格式，其扩展名为".jpg"。

（4）PSD 格式。PSD 格式是在 Photoshop 中新建图像时的默认文件格式，其扩展名为".psd"。

（5）PSB 格式。PSB 格式是能够支持高达 300 000 像素的超大图像文件，并保持了 Photoshop 中图像的图层样式、通道及滤镜效果，目前以 PSB 格式储存的文件，大多只能在 Photoshop CS 中打开，其他应用程序，以及较旧版本的 Photoshop，都无法打开以 PSB 格式储存的图像文件，其扩展名为".psb"。

（6）PNG 格式。PNG 格式是 Adobe 公司针对网络图像而开发的一种便携网络图形格式，支持无损压缩，其扩展名为".png"。

（7）TIFF 格式。TIFF 格式又被称为标记图像文件格式，其扩展名为".tif"。

（8）CDR 格式。CDR 格式是 CorelDraw 中的一种图形文件格式，只有在 CorelDraw 应用程序中才能被打开，其扩展名为".cdr"。

（9）EPS 格式。EPS 格式是一种跨平台的通用格式，可以同时包含位图图像和矢量图形，其扩展名为".eps"。

（10）AI 格式。AI 格式是一种矢量图形格式。

（11）PDF 格式。PDF 全称 portable document format，即可移植文档格式，是 Adobe 公司为支持跨平台多媒体集成信息的出版和发布（尤其是提供对网络信息的发布）而设计的。PDF 文件格式可以将文字、字形、格式、颜色及独立于设备和分辨率的图形图像等封装在一个文件中，还可以包含超文本链接、声音和动态影像等电子信息，支持特长文件，集成度和安全可靠性都较高，其扩展名为".pdf"。

3.4.3　综合实例

综合实例用到的工具多，技术也比较全面，关键是可以锻炼我们整合 Photoshop 功能、调动资源的能力。在综合实例的演练过程中，可以充分了解视觉效果的实现方法，以及背后的技术要素，在各个功能之间搭建连接点，将它们融会贯通。通过练习，发现规律，总结经验。

1. 制作超可爱牛奶字

在通道中为文字制作立体效果，载入选区后应用到图层中，再用绘制的圆点制作出奶牛花纹。如图 3.4.11 所示。

图 3.4.11　奶牛花纹图

2. 制作球面极地特效

调整图像大小、通过极坐标命令制作极地效果。如图 3.4.12 所示。

图 3.4.12　极地效果图

3. 制作超震撼冰手特效

通过滤镜表现冰的质感，通过图层样式制作水滴效果。如图3.4.13所示。

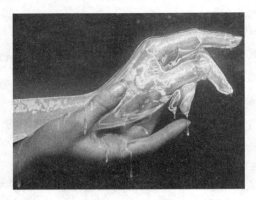

图 3.4.13　水滴效果图

4. 制作铜手特效

通过滤镜表现金属质感，通过混合模式表现光泽。如图3.4.14所示。

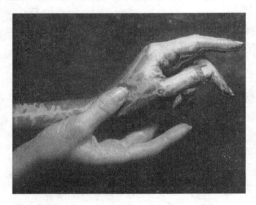

图 3.4.14　金属质感图

5. 制作绚彩玻璃球

通过滤镜表现球体纹理，用画笔与渐变绘制明暗、表现光泽感。如图3.4.15所示。

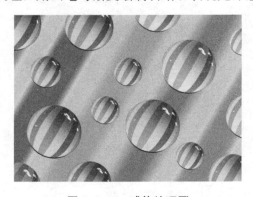

图 3.4.15　球体纹理图

6. 用照片制作金银纪念币

使用滤镜制作纪念币和纪念币边缘的纹理，通过滤镜和图层样式增强金属质感和立体效果。如图 3.4.16 所示。

图 3.4.16　立体效果图

7. 在橘子上雕刻卡通头像

通过蒙版的遮盖来表现橘子剥皮后的效果，橘皮的厚度是用画笔工具绘制的。如图 3.4.17所示。

图 3.4.17　橘子效果图

8. 创意合成：擎天柱重装上阵

通过影像合成技术把虚拟与现实结合，制作具有视觉震撼力的作品。如图 3.4.18 所示。

图 3.4.18　影像合成作品图

9. 公益广告：拒绝象牙制品

通过蒙版、混合颜色带进行图像合成，在图像上叠加纹理，表现裂纹效果。如图 3.4.19 所示。

图 3.4.19　裂纹效果图

10. 影像合成：CG 风格插画

灵活编辑图像、合成图像，注意影调的表现。如图 3.4.20 所示。

图 3.4.20　影调效果图

11. 动漫设计：绘制美少女

充分利用路径轮廓绘画，对路径填色，以及将路径转换为选区，以限定绘画范围。用钢笔工具绘制发丝，进行描边处理，表现出头发的层次感。如图 3.4.21 所示。

图 3.4.21　表现层次感图

第 4 章　计算机网络与信息安全

4.1　计算机网络

4.1.1　计算机网络的定义和发展

1. 计算机网络的定义

计算机网络是指将地理位置不同的具有独立功能的多台计算机及其外部设备，通过通信线路和通信设备连接起来，在网络操作系统、网络管理软件及网络通信协议的管理和协调下，实现资源共享和信息传递的计算机系统。

2. 计算机网络的形成与发展阶段

（1）第 1 阶段：计算机技术与通信技术相结合，形成计算机网络的雏形。

在第一代计算机网络中，人们将地理位置分散的多个终端通过通信线路连接到一台中心计算机上。用户可以在自己的办公室内的终端键入程序，通过通信线路传送到中心计算机分时访问和使用其资源进行信息处理，处理结果再通过通信线路送回用户终端显示或打印。人们把这种以单个计算机为中心的联机系统称作面向终端的远程联机系统。

（2）第 2 阶段：在计算机通信网络的基础上，完成网络体系结构与协议研究，形成了因特网的前身。

随着计算机应用的发展，出现了多台计算机互联的需求。这种需求主要来自军事、科学研究、地区与国家经济信息分析决策、大型企业经营管理。他们希望将分布在不同地点的计算机通过通信线路互联成为计算机—计算机的网络。网络用户可以通过计算机使用本地计算机的软件、硬件与数据资源，也可以使用联网的其他地方的计算机的软件、硬件与数据资源，达到计算机资源共享的目的。

（3）第 3 阶段：在解决计算机联网与网络互连标准化问题的背景下，提出"开放系统互连参考模型（open systen interconnection reference model，OSIRM，简称 OSI）"与协议，促进了符合国际标准的计算机网络技术的发展。

计算机网络发展的第 3 阶段是加速网络体系结构与协议国际标准化的研究与应用。国际标准化组织（International organization for Standardization，ISO）的计算机与信息处理标准化技术委员会 TC97 成立了一个分委员会 SC16，研究网络体系结构与网络协议国际标准化问题，经过多年卓有成效的工作，ISO 正式制定、颁布了"开放系统互连参考模型"，即 ISO/IEC7498 国际标准。

OSI 模型是一个开放体系结构，它规定网络分为 7 层，并划分了每一层的功能。OSI 模型已被国际社会所公认，成为研究和制定新一代计算机网络标准的基础。

特别要说明的是，因特网（Internet）遵循的是 TCP/IP（transmission control protocol/internet protocol，传输控制协议/互联网协议）参考模型，也是一种分层模型。它是一种事实上的工业标准。

（4）第 4 阶段：计算机网络向互联、高速、智能化方向发展，并获得广泛的应用。

目前，计算机网络的发展正处于第 4 阶段。这一阶段计算机网络发展的特点是：越来越多的不同种网络在 TCP/IP 的基础上进行互联，高速接入技术不断产生，网络的智能化管理和安全性也得到发展。在 TCP/IP 的基础上的各种应用越来越多。

4.1.2 计算机网络的基本组成和分类

1. 计算机网络的基本组成

计算机网络的基本组成包括计算机和网络设备、通信线路和软件。

计算机网络设备：包括计算机、路由器、交换机、网桥、集线器等设备，它们通过通信线路相互连接，构成一个互联的网络。其中，计算机是实现数据处理和通信的主要设备，通过网络与其他计算机和设备进行信息交换和资源共享；路由器、交换机、网桥和集线器等网络设备则是连接计算机和其他网络设备的中间设备，分别用于实现不同网络之间的通信、局域网内部的数据交换、连接局域网和广域网以及连接多个设备以实现数据的广播和集中管理。

通信线路：指用于传输数据的物理媒介，可以是有线的如双绞线、同轴电缆、光纤等，也可以是无线的如无线电波、红外线等。

计算机网络技术的发展迅猛，仅依靠单独的计算机硬件或软件是不能够达到高效的资源共享和信息交换目的的，因此计算机网络是一个由硬件、软件和协议等组成的综合系统。

2. 计算机网络的分类

计算机网络的分类标准很多，通常是按照网络覆盖的地理范围的大小分为局域网、城域网、广域网。

（1）局域网（local area network，LAN）。局域网是计算机硬件在比较小的范围内由通信线路组成的网络。它一般限定在较小的区域内，通常采用有线的方式连接起来。LAN 一般在距离上不超过 10 km，通常安装在一个建筑物或校园（园区）中。覆盖的地理范围从几十米至数千米。例如，一个实验室、一栋大楼、一个校园或一个单位，将各种计算机、终端与外部设备互联成网。局域网传输速率较高，通常为 10～1 000 Mb/s，由学校、单位或公司集中管理。通过局域网，各种计算机可以共享资源，如共享打印机和数据库。

（2）城域网（metropolitan area network，MAN）。城域网规模局限在一座城市的范围内，覆盖的地理范围从几十千米至数百千米。城域网基本上是局域网的延伸，像一个大型的局域网，通常使用与局域网相似的技术，但是在传输介质和布线结构方面牵涉范围较广。例如满足一座城市范围内大型企业、机关、公司以及社会服务部门的计算机联网需求，实现大量用户的多媒体信息（声音方面包含语音和音乐；图形方面包含动画和视频图像；文字方面包含电子邮件和超文本网页等）共享。

（3）广域网（wide area network，WAN）。广域网跨越国界、洲界，甚至覆盖全球范围。其采用的技术、应用范围和协议标准方面有所不同。覆盖的地理范围可以是一个地区或一个国家，甚至世界几大洲。

网络上的计算机称为主机（host），主机通过通信子网连接。通信子网的功能是把消息从一台主机传输到另一台主机。通信子网由传输信道和转接设备两部分组成。传输信道用于机器之间传送数据。转接设备是一种特殊的计算机，用于连接两条甚至更多条传输线。当数据从传输线到达时，转接设备必须为它选择一条传递用的输出线。

3. 常见的网络拓扑结构

拓扑结构是计算机网络的重要特性。从拓扑学的观点看，网络是由一组节点（node）和连接节点的链路（link）组成的。在计算机网络中，计算机作为节点，连接计算机的通信线路作为链路，形成计算机的地理分布和互联关系上的几何构型。这种计算机与链路之间的拓扑关系，称为计算机网络的拓扑结构。计算机网络的拓扑结构主要有以下几种：

（1）总线拓扑结构。总线拓扑结构通过一条传输线路将网络中所有节点连接起来，如图 4.1.1 所示。网络中各节点都通过总线进行通信，在同一时刻只允许一对节点占用总线进行通信。总线拓扑结构简单，容易实现，易扩充，但是故障检测比较困难。总线中任何一个节点出现线路故障，都可能造成网络瘫痪。

（2）星形拓扑结构。星形拓扑结构如图 4.1.2 所示。在星形拓扑结构中，每个节点都由一个单独的通信线路与中心节点连接。中心节点控制全网的通信，任何两个节点之间的通信均要通过中心节点。星形拓扑结构简单，实现容易，便于管理。但是中心节点是全网可靠性的瓶颈，中心节点一旦出现故障会造成全网瘫痪。

（3）环形拓扑结构。环形拓扑结构如图 4.1.3 所示。在环形拓扑结构中，各节点通过通信线路组成闭合环形。环中数据沿一个方向传输。环形拓扑结构的特点是结构简单，实现容易，传输延迟确定。但是每个节点与连接节点之间的通信线路都成为网络可靠性瓶颈。环中任何一个节点出现线路故障，都可能造成网络瘫痪。

（4）树状拓扑结构。树状拓扑结构如图 4.1.4 所示。树状拓扑结构可以看作星形拓扑结构的扩展。在树状拓扑结构中，节点按层次进行连接。树状拓扑网络适用于汇集信息的应用要求。

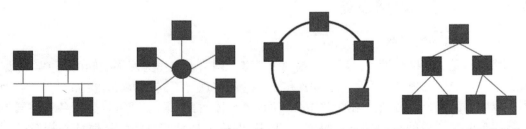

图 4.1.1　总线拓扑结构　图 4.1.2　星形拓扑结构　图 4.1.3　环形拓扑结构　图 4.1.4　树状拓扑结构

4. 网络协议的基本概念

通俗地说，网络协议就是网络之间沟通、交流的桥梁，只有相同网络协议的计算机才能进行信息的沟通与交流。从专业角度定义，网络协议是计算机在网络中实现通信时必须遵守的约定，也就是通信协议（protocol）。网络协议主要是对信息传输的速率、传输代码、代码结构、传输控制步骤、出错控制等做出规定并制定标准。常见的网络协议有以下几种：

（1）传输控制协议/网际协议（TCP/IP）。在实际应用中，最重要的是 TCP/IP，它是目前最流行的商业化的协议，也是因特网使用的协议。相对于 OSI，它是当前的工业标准或"事实的标准"，在 1974 年由 Vinton Cerf 和 Robert Kahn 提出。它从下至上分为 4 个层次：物理链路层、网络层、运输层、应用层。

（2）超文本传送协议（hypertext transfer protocol，HTTP）。它是用于从 WWW 服务器传输超文本到本地浏览器的传送协议。它可以使浏览器更加高效，使网络传输减少。它不仅可以保证计算机正确快速地传输超文本文档，还可确定传输文档中的哪一部分，以及哪部分内容首先显示等。HTTP 是一个应用层协议，由请求和响应构成，是一个标准的客户端/服务器模型。它的主要特点如下。

①支持客户/服务器模式。

②简单快速。当客户向服务器请求服务时，只需传送请求方法和路径。由于 HTTP 简单，HTTP 服务器的程序规模小，因而通信速度很快。

③灵活。HTTP 允许传输任意类型的数据对象。

④无连接。无连接的含义是限制每次连接只处理一个请求。服务器处理完客户的请求，并收到客户的应答后，即断开连接。采用这种方式可以节省传输时间。

⑤无状态。无状态是指协议对于事务处理没有记忆能力。缺少状态意味着如果后续处理需要前面的信息，则必须重传信息，这样可能导致每次连接传送的数量增大。反之，在服务器不需要先前信息时它的应答就较快。

（3）简单邮件传送协议（simple mail transfer protocol，SMTP）。SMTP 是一种提供可靠且有效电子邮件传送的协议。SMTP 是建立在 FTP 文件传输服务上的一种邮件服务，主要用于传输系统之间的邮件信息并提供与来信有关的通知。SMTP 目前已是事实上的在 Internet 传输 E-mail 的标准，是一个相对简单的基于文本的协议。在其之上只要指定了一条消息的一个或多个接收者（在大多数情况下被确定是存在的），消息文本就可以传输了。

4.1.3 计算机网络设备

1. 路由器和交换机

路由器是一种网络设备，用于连接两个或多个网络，并作为网络之间的网关，即读取每一个数据包中的地址，然后决定如何传送。它能够理解不同的协议，例如某个局域网使用的以太网协议，因特网使用的 TCP/IP 协议。具体而言，路由器可以分析各种不同类型网络传来的数据包的目的地址，将非 TCP/IP 网络的地址与 TCP/IP 地址互相转换。另外，根据选定的路由算法，路由器可以将各数据包按最佳路线传送到指定位置。无线路由器除了具备以上功能外，还可以将家中有线接出的宽带网络信号通过天线转发给附近的无线网络设备（如笔记本电脑、支持 WIFI 的手机、平板以及所有带有 WIFI 功能的设备）。市场上流行的无线路由器一般都支持专线 XDSL/CABLE、动态 XDSL、PPTP 四种接入方式，一般只能支持 15～20 个以内的设备同时在线使用。此外，无线路由器也具有其他一些网络管理的功能，如 DHCP 服务、NAT 防火墙、MAC 地址过滤、动态域名等功能。一般的无线路由器信号范围为半径 50 米，已经有部分无线路由器的信号范围达到了半径 300 米。

交换机（又名交换式集线器）是一种用于电（光）信号转发的网络设备，它可以为接入交换机的任意两个网络节点提供独享的电信号通路。交换机的这个作用可以理解为将一些机器连接起来组成一个局域网。这与路由器有所不同，路由器主要用来连接不同的网段并且找到网络中数据传输最合适的路径。

2. 调制解调器

调制解调器是计算机硬件设备，它主要用于将计算机的数字信号翻译成可沿普通电话线传送的模拟信号，这些模拟信号可以被线路另一端的另一个调制解调器接收，并再次被翻译成计算机可以理解的语言。这个简单的过程完成了两台计算机间的通信。

3. 集线器

集线器是第一层（物理层）设备，它只是对信号进行简单的整形、放大和转发，不对信号进行编码。当集线器的某个端口接收到数据包后，它会通过广播形式将数据包转发到所有端口，没有针对性，因此可能导致网络充斥数据包，影响正常业务的运行。

4. 防火墙和入侵检测系统

防火墙和入侵检测系统是两种重要的网络安全工具。

防火墙是一种隔离防御系统，它能够隔离组织内部网络与公共互联网，允许某些分组通过，而阻止其他分组进入或离开内部网络。它的基本原理是使用软件、硬件或软硬件结合的方式，根据一定的规则对网络流量进行审查和过滤。防火墙具有被动防御的特性，它只允许"可信赖的数据或机构"通过，之后便不再进行任何操作。此外，防火墙主要针对网络层进行防护，它的部署位置通常是在内外网的边界，以保证内网受到保护。

入侵检测系统（IDS）则是一种主动防御系统，它的作用是监视网络流量，查看是否有异常活动和攻击，并将其报告给系统管理员。IDS 的工作机制与防火墙不同，它是实时监测系统里的网络数据，发现异常会立刻做出反应。IDS 防护层面也不同于防火墙，它针对的是应用层防护。此外，IDS 的部署位置通常是在重点保护网段、靠近攻击源的位置，属于旁路接入。

防火墙和入侵检测系统虽然有所区别，但它们共同的目标都是为了保护网络的安全。因此，在设计和使用这些工具时，需要根据具体的网络环境和需求来选择合适的策略和设置。

请注意，防火墙和入侵检测系统并非性能越高越好，选择性能过高或性能过低的方案都可能影响网络的安全性。在选择这些产品时，应该充分考虑其性能、易用性、可靠性以及可扩展性等因素。同时，网络安全是一个持续的过程，需要定期更新和调整安全策略以及进行系统升级和维护。

总的来说，防火墙和入侵检测系统都是网络安全的重要组成部分，它们相互配合，共同维护着网络的安全和稳定。

5. VPN 设备和负载均衡器

VPN 的英文全称是"virtual private network"，即"虚拟专用网络"。可以把它理解成虚拟的企业内部专线。它可以通过特殊的加密的通信协议在连接在 Internet 上的位于不同地方的两个或多个企业内部网之间建立一条专有的通信线路。

虚拟专用网络功能是在公用网络上建立专用网络，进行加密通讯。虚拟专用网络在企业网络中有广泛应用。VPN 网关闭并通过对数据包的加密和数据包目标地址的转换实现远程访问。VPN 有多种分类方式，主要是按协议进行分类。VPN 可通过服务器、硬件、软件等多种方式实现。VPN 具有成本低、易于使用的特点。

负载均衡器是用于分摊网络设备和服务器的负载的设备。它的工作原理是将工作任务分发到多个操作单元上，例如 Web 服务器、FTP 服务器、企业关键应用服务器和其他关键任务服务器等，以共同完成工作任务。这样做可以显著扩展网络设备和服务器的带宽、增加吞吐量、加强网络数据处理能力、提高网络的灵活性和可用性。负载均衡建立在现有网络结构之上，提供了一种廉价有效透明的方法来扩展网络设备和服务器的带宽、增加吞吐量、加强网络数据处理能力、提高网络的灵活性和可用性。

4.1.4 计算机网络应用

通过计算机网络，人们可以获取各类信息及各种服务，如视频、邮件、搜索、地图导航、网络游戏、网络购物。人们在享受计算机网络带来的便利的同时，其工作和生活的方式也随之发生改变。计算机网络的应用领域与规模不断拓展，计算机网络已经成为社会经济发展的主要动力之一。主要应用有如下几方面。

1. P2P 网络

P2P 网络即对等网络/对等计算机网络：是一种在对等者（peer）之间分配任务和工作负载的分布式应用架构，是对等计算模型在应用层形成的一种组网或网络形式。

"peer"在英语里有"对等者、伙伴、对端"的意义。因此，从字面上，P2P 可以理解为对等计算或对等网络。国内一些媒体将 P2P 翻译成"点对点"或者"端对端"。学术界则统一称其为对等网络（peer-to-peer networking）或对等计算（peer-to-peer computing），定义为网络的参与者共享他们所拥有的一部分硬件资源（处理能力、存储能力、网络连接能力、打印机等），这些共享资源通过网络提供服务和内容，能被其他对等节点（peer）直接访问而无须经过中间实体。

在此网络中的参与者既是资源、服务和内容的提供者（server），又是资源、服务和内容的获取者（client）。

2. 文件服务

文件服务包括对数据文件的有效存储、提取、管理及传输。它能使用户迅速地把文件根据需要从一个地方向另一地方进行移动，能最佳、最经济地利用存储设备，可以对文件的多次复制进行有效管理，对重要数据、关键文件进行复制与备份。

由于网络文件服务增强了计算机的数据访问能力，提高了存储器的使用效率，因而它是计算机网络提供的最主要的服务之一。

　　在网络中，文件服务的最基本特性就是文件共享，这使得多个用户同时对同一资源的竞争夺取成为现实问题。文件服务必须有锁定与保密控制，锁定用来协调用户之间对同一资源的竞争，它允许用户临时获得对某一资源的全部控制权，一旦使用结束马上释放对它的控制；保密性是由文件服务的系统管理者，为每一个网络用户赋予一定的访问许可权限，也可以授权进行信息传输。一般网络文件服务在文件传输时，采用口令方式控制对系统和数据的访问，也可以采用加密方法对数据进行保密编码，使得数据只能被知道密码的用户来读取。

3. 邮件服务

　　电子邮件（E-mail）是互联网上使用最多和最受欢迎的一项基本服务，它的特点是大容量、即时、成本低廉，以及群发信件。电子邮件系统的邮件通信流程跟传统的邮政业务十分相似，电子邮件系统会在一些特定的地点设定"邮局"，即邮件服务器，用户可以在该邮件服务器上租用一个"电子信箱"（mail box），邮件服务器会为该用户建立一个电子邮件账号，它包括用户名（useame）和密码（password）。当用户需要通过邮件通信时，可以在任何时间和地点，通过输入自己信箱的用户名和密码，登录邮件系统，与自己的"邮局"建立连接，进行邮件的收发处理。

　　现在的邮件服务提供商对个人用户大都是免费的，每个人都可以注册一个电子邮件账号，以获得一个属于自己的电子信箱。每个电子信箱都有一个地址，称为电子邮件地址（E-mail address），它在全球范围内是唯一的。电子邮件地址的格式是固定的，即"用户名@主机名"。主机名就是拥有独立地址的计算机的名字，用户名是指该计算机上为用户建立的电子邮件账号。例如，在"126.com"主机上，有一个名为"xchen"的用户，那么该用户的 E-mail 地址为 xchen@126.com。

　　目前，平均每天有几千万份电子邮件在互联网上传输，世界各地的人们都可以通过这种方式进行交流。越来越多的人将电子邮件视为常用的联系方式之一，很多人将自己的电子邮件账号同移动电话号码一样印在名片上分发给别人，可见它在生活和工作中所起的重要作用。

4. 网页浏览

　　在互联网提供的服务中，万维网（world wide web，WWW）是最受欢迎的服务之一。当人们打开一个门户网站，或者打开搜索引擎页面时，就已经在使用 WWW 提供的服务了。WWW 是一个世界性的信息库，在这个信息库中，人们能够轻松地获取世界各地、各个行业的信息，并且能将自己的信息上传到 WWW。

　　WWW 提供了文字信息，以及图像、声音、动画等多媒体信息，访问 WWW 可以让用户更加直观、具体、生动、形象地感受到网络的魅力。WWW 提供了丰富的信息资源，包括科技、教育、政治、军事、娱乐、商业等各个领域，无论从事何种行业的工作，都能在 WWW 中找到相关的大量资料，甚至可以获得最新和最前沿的信息。特别值得一提的是 WWW 在商业贸易方面更是潜力巨大，目前在商品订购、金融投资、商业合作等业务方向，其在线业务已占整个业务规模的相当大比例，并且这一比例在不断增长。互联网成为当今世界发展最快速和最具有价值的基础资源平台。例如，以百度、新浪、雅虎和阿里巴巴等互联网络公司为代表甚至形成了互联网络经济。同电视、报纸、杂志等广告宣传媒体相比，WWW 有其独特的受众群体和更加丰富多彩、更加灵活的传达信息方式。万维网 WWW 是人类历史上影响最深远、应用最广泛的传播媒介，它可以使用户和分散于世界不同时空的各类人群之间相互联系，其应用人数远远超过通过其他所有已存在的通信媒介联系的总和。

从技术角度讲，WWW 提供了一种基于页面检索的信息服务。页面的组织方式不再是传统的连续式，而是更符合人脑思维习惯的超链接（hyper link）方式。在网页中经常有一些字、词或者图片是以高亮、下划线或者不同颜色等特殊方式显示的，这表示这些内容是作为进一步查询的超链接，单击此超链接就可以跳转至下一个页面。这种超链接技术使全球的 WWW 信息都有机地联系起来，用户可以轻松地从一个页面跳转到另一个页面，从一台 Web 服务器跳转到另一台 Web 服务器。

这些具有超链接的页面文件在全球 Internet 上是一种通用格式，称作 Web 页面。Web 页面的编写是通过超文本标记语言（hyper text markup language，HTML）来实现的，该语言是一种类似于排版用的置标语言，通过添加一些特定的标记，能够将文字、图像、声音和表格等信息有机地组织起来，使 Web 页面图文并茂，活泼生动。

5. 北斗导航定位卫星

中国北斗卫星导航系统（BeiDou navigation satellite system，BDS）是中国自行研制的全球卫星导航系统。是继美国全球定位系统（GPS）、俄罗斯格洛纳斯卫星导航系统（GLONASS）之后第三个成熟的卫星导航系统。北斗卫星导航系统（BDS）和美国 GPS、俄罗斯 GLONASS、欧盟 GALILEO，是联合国卫星导航委员会已认定的供应商。

北斗卫星导航系统由空面段、地面段和用户段三部分组成，可在全球范围内全天候、全天时为各类用户提供高精度、高可靠定位、导航、授时服务，并具短报文通信能力，已经初步具备区域导航、定位和授时能力，定位精度 10 米，测速精度 0.2 米/秒，授时精度 10 纳秒。

6. 三网融合

设想一下，打开电视人们首先看到的是功能菜单，借助它不但可以看电视，还可以点播电视节目，实现回放、暂停等功能，再不必为错过精彩的电视节目而担心。除了基本的电视服务外，人们还能坐在电视机前，手拿遥控器拨打电话、上网购物、远程学习和在线游戏。当你要出门时，这些服务还可以在手机上或者电脑上继续使用。这些工作的完成，也许只需要一个液晶显示器。这也意味着家里不再需要错综复杂的网线，只要一根宽带线或者有线电视线就可以完全搞定。这就是所说的"三网融合"之后的愿景，它可以为人们提供更为便捷的上网、购物和娱乐服务。

2001 年 3 月 15 日，中华人民共和国国民经济和社会发展"十五计划"纲要正式提出了"三网融合"概念。"三网融合"是指电信网、广播电视网和互联网，在向宽带通信网、数字电视网和下一代互联网演进的过程中，三大网络通过技术改造，其技术功能趋于一致，业务范围也趋于相同，网络互联互通、资源共享，能为用户提供语音、广播电视和数据等多种服务。其中，电信网、广播电视网和互联网称为"老三网"，宽带通信网、数字电视网和下一代互联网称为"新三网"。三网融合应用广泛，遍及智能交通、环境保护、政府工作、公共安全和智能家居等多个领域，全方位提供便利的服务。

三网融合可以涉及技术融合、业务融合、行业融合和终端融合等方面，主要依赖于统一的协议，如 TCP/PP 协议。同时，光纤通信的发展也为综合传输各种业务信息提供了良好的带宽和传输质量，是三网融合的理想平台。

7. 物联网

物联网（Internet of things，IoT），即"万物相连的互联网"，其本质是将各种信息传感设备与互联网进行连接，形成一个连接众多设备的、统一的巨大网络，从而实现在任意时间、任意地点下，人、机、物的无障碍"互联互通"。这里的"互联互通"有两层意思：物联网的核心和基础仍然是互联网，是在互联网基础上进行延伸和扩展的网络；其用户端通过网络延伸、扩展到任意物与物之间，实现信息的交换和通信。

8. 人工智能

人工智能（artificial intelligence，AI）是近年来全球最热门的话题之一，它既被认为是 21 世纪引领世界未来科技发展的风向标，也被认为是转变未来人们生活方式的助推器。其实，人们在日常生活中已经方方面面地运用到了人工智能技术，比如网上购物中的个性化推荐、人脸识别、智能导航、语音助手，都有该技术的影子。

人工智能，就是人类通过发明创造，赋予机器人以人的才能、行为模式与思维习惯的高精尖操作。人工智能是计算机科学的一个分支，它尝试探究智能的实质，并生产出以一种新的、能与人类智能相似的方式做出反应的智能机器。目前，人工智能应用领域包括机器人、语言识别、图像识别、自然语言处理和专家系统等。自人工智能诞生以来，其理论和技术日益成熟，应用领域也不断扩大。可以设想，在未来，人工智能带来的科技产品将会是人类智慧的"容器"。

9. 区块链

区块链的概念起源于比特币。2008 年 11 月 1 日，一位自称中本聪（Satoshi Nakamoto）的人发表了《比特币：一种点对点的电子现金系统》一文，其中阐述了基于 P2P 网络技术加密技术等多种信息技术构建的数字货币记账系统构架理念，这一理念的提出标志着比特币的诞生；2009 年 1 月 3 日，第一个序号为 0 的创世区块诞生；2009 年 1 月 9 日又出现序号为 1 的区块、并与序号为 0 的创世区块相连接，形成了链，标志了区块链的诞生。

区块链是信息技术领域的术语。从本质上讲，它是一个去中心化的分布式共享数据库，存储于其中的数据或信息，具有"不可伪造""全程留痕""可以追溯""公开透明""集体维护"等特征。基于这些特征，区块链技术具有了坚实的"信任"基础，可靠的"合作"机制，以及广阔的运用前景。

区块链的基本原理理解起来并不难，其基本概念包括：

（1）交易（transaction）：一次操作，导致账本状态的一次改变，如添加一条记录。

（2）区块（block）：记录一段时间内发生的交易和产生的状态结果，是对当前账本状态的一次共识。

（3）链（chain）：由一个个区块按照发生顺序串联而成，是整个状态变化的日志记录。

（4）如果把区块链作为一台状态机，则每次交易就是试图改变一次状态，而每次共识生成的区块，就是参与者对于区块中所有交易内容导致状态改变的结果进行确认。

4.1.5 互联网

1. 互联网的概念

互联网（Internet）即广域网、局域网及单机按照一定的通信协议组成的国际计算机网络。互联网是指将两台计算机或两台以上的计算机客户端、服务端通过计算机信息技术的手段互相联系起来的结果。互联网始于 1969 年的美国，又称因特网，是全球性的网络。

2. 互联网的应用

（1）网络媒体。

互联网作为一种新兴的传播媒体，由于互动性良好、表现形式多种多样、感染力突出，成为了继报纸、广播、电视等后的"第四媒体"，各大新闻网站、门户网站、企事业单位，都相继开通了这一宣传通道。

（2）互联网信息检索。

在浩如大海的网络中，如何找到自己所需要的信息？网络搜索技术帮助我们收集着各种各样的信息。我们只需要输入关键词，就可以通过它查询到我们所需要的相关信息。最典型的就是百度了。

（3）网络通信。

网络通讯分为电子邮件和即时通信两大类。很多网民都在使用网上免费的电子邮件，通过它与其他人交流。即时通信也在飞速发展，其功能也在日益丰富，一方面正在成为社会化网络的连接点，另一方面也逐渐成为电子邮件、博客、网络游戏和搜索等多种网络应用的重要接口。

（4）网络社区。

网络社区的主要服务内容有交友网站和博客。通过交友网站，我们结交五湖四海的朋友；通过博客，我们可以把自己在生活、学习、工作中的点点滴滴感受记录下来，放在网上，同网民共享。

（5）网络娱乐。

网络娱乐主要包括：网络游戏、网络音乐、网络视频等。

（6）电子商务。

电子商务是与网民生活密切相关的重要网络应用，通过网络支付、在线交易，卖家可以用很低的成本把商品卖到全世界，买家则可以用很低的价格买到自己心仪的商品。现在最典型的就是淘宝。

（7）网络金融。

这方面主要有网上银行和网络炒股。通过网络开通网上银行的客户可以在网上进行转账、支付、外汇买卖等，股民可以在网上进行股票、基金的买卖和资金的划转等。

（8）网上教育。

围绕教学活动开设的网络学校、远程教育、考试辅导等各类网络教育正渗透到传统的教学活动中。通过支付就可以获得一个登录账号和密码，然后就可以随时登录网站学习，或参加考试辅导。

4.2　信息安全

4.2.1　网络安全

1. 网络安全的概念

在使用网络过程中，使用者需要操作自己的软硬件设施，进而达到一定的活动目的。这一过程存在一定的网络风险。网络安全问题在日常生活中很常见，是伴随着网络的使用出现一系列安全问题，而网络的使用渗透到日常生活的方方面面，小到社交聊天，大到银行转账。因此，公民应当接受关于日常生活的网络安全培训，更好地维护网络安全，也更好地维护自己的利益，图 4.2.1 所示为国家反诈中心 APP 首页页面。

图 4.2.1　国家反诈中心 APP 首页页面

从国家反诈中心 APP 的首页页面来看，为了维护网络安全与维护个人利益，有四种主要功能：我要举报、报案助手、来电预警、身份核实。相对于传统维护网络安全潜在或直接损失的途径的费时、复杂，线上网络安全维护途径发生了巨大改变。然而，个人网络安全问题并不能全部被反诈软件预知、提醒、阻拦，需要我们自身树立网络安全意识。

那么，到底什么是网络安全？

所谓网络安全，是一个比较宽泛的概念，不仅仅是指互联网络的安全，同时还涉及互联网运营过程中所涉及的软硬件、信息系统和大数据的安全性。网络安全既是保障信息传输安全的重要基石，同时又是维护信息使用者权益的重要手段。在应用过程中，所涉及的个人信息数据都有着真实性、安全性和保密性及完整性的特征，但要想保证信息的相关特征，则需要确保网络安全，避免受到有损信息安全行为的影响。网络安全的具体含义会随着"角度"的变化而变化。比如：从用户（个人、企业等）的角度来说，他们希望涉及个人隐私或商业利益的信息在网络上传输时受到机密性、完整性和真实性的保护。而从企业的角度来说，最重要的就是内部信息上的安全加密以及保护。

2. 网络安全的特征

（1）完整性

指信息在传输、交换、存储和处理过程保持非修改、非破坏和非丢失的特性，即保持信息原样性，使信息能正确生成、存储、传输，这是最基本的安全特征。

（2）保密性

指信息按给定要求不泄漏给非授权的个人、实体或过程，或提供其利用的特性，即杜绝有用信息泄漏给非授权个人或实体，强调有用信息只被授权对象使用的特征。

（3）可用性

指网络信息可被授权实体正确访问，并按要求能正常使用或在非正常情况下能恢复使用的特征，即在系统运行时能正确存取所需信息，当系统遭受攻击或破坏时，能迅速恢复并能投入使用。可用性是衡量网络信息系统面向用户的一种安全性能。

（4）不可否认性

指通信双方在信息交互过程中，确信参与者本身，以及参与者所提供的信息的真实同一性，即所有参与者都不可能否认或抵赖本人的真实身份，以及提供信息的原样性和完成的操作与承诺。

（5）可控性

指对流通在网络系统中的信息传播及具体内容能够实现有效控制的特性，即网络系统中的任何信息要在一定传输范围和存放空间内可控。除了采用常规的传播站点和传播内容监控这种形式外，最典型的如密码的托管政策，当加密算法交由第三方管理时，必须严格按规定可控执行。

3. 当前网络安全发展形势

没有网络安全就没有国家安全，就没有经济社会稳定运行，广大人民群众利益也难以得到保障。网络安全保障能力的增强和产业的健康发展，是建设网络强国、数字中国和智慧社会的基础保障，因此把脉网络安全战略动向和发展趋势至关重要。

形势一：当今世界正经历百年未有之大变局，新一轮科技革命和产业变革突飞猛进，极大地促进了经济社会发展。随着5G、云计算、大数据、AI、物联网、工业互联网、量子计算等新一代信息技术融合发展，人们的生产生活方式被极大改变，同时网络安全面临着新的机遇和挑战。2020年暴发的新冠疫情席卷全球，对全球网络治理产生了巨大影响，呈现出一些特有变化，例如网络攻击、个人隐私等问题被疫情放大。

形势二：我国网络安全立法密集出台。网络强国战略思想是习近平新时代中国特色社会主义思想的重要组成部分，目前网络安全已上升至国家战略高度，"十四五"规划确定网络安全成为未来中国发展建设工作的重点之一。我国网络安全法制建设取得初步成就，2021年监管层密集制定和发布重量级法律法规，《中华人民共和国数据安全法》《中华人民共和国个人信息保护法》《关键信息基础设施安全保护条例》相继发布，重点关注网络建设规划、安全防护、安全管理、风险评估等方面内容。

形势三：数据保护和个人信息隐私保护力度加大。在数字经济时代，数据作为生产要素，已成为网络安全的核心命题，全球范围的数据安全威胁日益泛化，使数据安全面临着较为严峻的形势。同时，新冠疫情防控常态化、经济全球化给个人隐私保护和数据安全带来了新的挑战。数据安全和个人信息隐私保护将成为人们关注的重点。

4. 网络安全的类型

（1）系统安全

系统安全即保证信息处理和传输系统的安全。它侧重于保证系统正常运行。避免因为系统的崩溃和损坏而对系统存储、处理和传输的消息造成破坏和损失。避免由于电磁泄漏产生信息泄露，干扰他人或受他人干扰。

（2）网络信息安全

网络信息的安全包括用户口令鉴别，用户存取权限控制，数据存取权限、方式控制，安全审计，计算机病毒防治，数据加密等。

（3）信息传播安全

信息传播的安全即信息传播后果的安全，包括信息过滤等。它侧重于防止和控制由非法、有害的信息进行传播所产生的后果，避免公用网络上自由传输的信息失控。

（4）信息内容安全

网络上信息内容的安全侧重于保护信息的保密性、真实性和完整性。避免攻击者利用系统的安全漏洞进行窃听、冒充、诈骗等有损于合法用户的行为。其本质是保护用户的利益和隐私。

5. 网络安全影响因素

网络安全影响因素包括自然灾害、意外事故；计算机犯罪；人为行为，比如使用不当，安全意识差等；黑客的入侵或侵扰，比如非法访问、拒绝服务计算机病毒、非法连接等；内部泄密；外部泄密；信息丢失；电子谍报，比如信息流量分析、信息窃取等；网络协议中的缺陷，例如 TCP/IP 协议的安全问题；等等。

目前我国网络安全存在几大隐患，影响网络安全性的因素主要有以下几个方面。

（1）网络结构因素。网络基本拓扑结构有 3 种：星型、总线型和环型。一个单位在建立自己的内部网之前，各部门可能已建造了自己的局域网，所采用的拓扑结构也可能完全不同。在建造内部网时，为了实现异构网络间信息的通信，往往要牺牲一些安全机制的设置和实现，从而提出更高的网络开放性要求。

（2）网络协议因素。在建造内部网时，用户为了节省开支，必然会保护原有的网络基础设施。另外，网络公司为生存的需要，对网络协议的兼容性要求越来越高，使众多厂商的协议能互联、兼容和相互通信。这在给用户和厂商带来利益的同时，也带来了安全隐患。如在一种协议下传送的有害程序能很快传遍整个网络。

（3）地域因素。由于内部网 Intranet 既可以是 LAN 也可能是 WAN（内部网指的是它不是一个公用网络，而是一个专用网络），网络往往跨越城际，甚至国际。地理位置复杂，通信线路质量难以保证，这会造成信息在传输过程中的损坏和丢失，也给一些黑客造成可乘之机。

（4）用户因素。企业建造自己的内部网是为了加快信息交流，更好地适应市场需求。建立之后，用户的范围必将从企业员工扩大到客户和想了解企业情况的人。用户的增加也给网络的安全性带来了威胁，因为这里可能就有商业间谍或黑客。

（5）主机因素。建立内部网时，使原来的各局域网、单机互联，增加了主机的种类，如工作站、服务器，甚至小型机、大中型机。由于它们所使用的操作系统和网络操作系统不尽相同，某个操作系统出现漏洞（如某些系统有一个或几个没有口令的账户），就可能造成整个网络的大隐患。

（6）单位安全政策。实践证明，80％的安全问题是由网络内部引起的，因此，单位对自己内部网络的安全性要有高度的重视，必须制定出一套安全管理的规章制度。

（7）人员因素。人的因素是安全问题的薄弱环节。要对用户进行必要的安全教育，选择有较高职业道德修养的人做网络管理员，制定出具体措施，增强安全意识。

（8）其他因素。其他因素如自然灾害等，也是影响网络安全的因素。

6. 网络安全措施

计算机网络安全措施主要包括保护网络安全、保护应用服务安全和保护系统安全三个方面，各个方面都要结合考虑安全防护的物理安全、防火墙、信息安全、Web安全、媒体安全等等。

1）保护网络安全

保护网络安全的主要措施如下：

（1）全面规划网络平台的安全策略；

（2）制定网络安全的管理措施；

（3）使用防火墙；

（4）尽可能记录网络上的一切活动；

（5）注意对网络设备的物理保护；

（6）检验网络平台系统的脆弱性；

（7）建立可靠的识别和鉴别机制。

2）保护应用安全

保护应用安全，主要是针对特定应用（如Web服务器、网络支付专用软件系统）所建立的安全防护措施，它独立于网络的任何其他安全防护措施。虽然有些防护措施可能是网络安全业务的一种替代或重叠，如Web浏览器和Web服务器在应用层上对网络支付结算信息包的加密，都通过IP层加密，但是许多应用还有自己的特定安全要求。

由于电子商务中的应用层对安全的要求最严格、最复杂，因此更倾向于在应用层而不是在网络层采取各种安全措施。

虽然网络层上的安全仍有其特定地位，但是人们不能完全依靠它来解决电子商务应用的安全性。应用层上的安全业务可以涉及认证、访问控制、机密性、数据完整性、不可否认性、Web安全性、电子数据交换和网络支付等应用的安全性。

3）保护系统安全

保护系统安全，是指从整体电子商务系统或网络支付系统的角度进行安全防护，它与网络系统硬件平台、操作系统、各种应用软件等互相关联。涉及网络支付结算的系统安全包含下述一些措施。

第一，在安装的软件中，如浏览器软件、电子钱包软件、支付网关软件等，检查和确认未知的安全漏洞。

第二，技术与管理相结合，使系统具有最小穿透风险性。如通过诸多认证才允许连通，对所有接入数据必须进行审计，对系统用户进行严格安全管理。

第三，建立详细的安全审计日志，以便检测并跟踪入侵攻击等。

7. 增强网络安全防范意识

拥有网络安全意识是保证网络安全的重要前提。许多网络安全事件的发生都和缺乏安全防范意识有关。

（1）主机安全检查

要保证网络安全，进行网络安全建设，第一步首先要全面了解系统，评估系统安全性，认识到自己的风险所在，从而迅速、准确地解决内网安全问题。由安天实验室自主研发的国内首款创新型自动主机安全检查工具，彻底颠覆传统系统保密检查和系统风险评测工具操作的烦冗性，一键操作即可对内网计算机进行全面的安全保密检查及精准的安全等级判定，并对评测系统进行强有力的分析处置和修复。

（2）主机物理安全

服务器运行的物理安全环境是很重要的，很多人忽略了这点。物理环境主要是指设施状况。如果你的服务器只能放在开放式机架的机房，那么你可以这样做：一方面，将电源用胶带绑定在插槽上，这样避免别人无意中碰动你的电源；另一方面，安装完系统后，重启服务器，在重启的过程中把键盘和鼠标拔掉，这样在系统启动后，普通的键盘和鼠标接上去以后不会起作用（USB 鼠标键盘除外）。

4.2.2　个人信息安全

大数据时代中，个人信息在被使用过程中经常会出现不符合使用原则而导致信息泄露的问题，且这类问题层出不穷，难以预防。无论是由于自身对于风险的防范意识不足，还是由于电商或者相关平台对于用户个人信息的保护或者监管不够，信息泄露的状况始终存在。以前由于没有确切的法律进行保护，有关个人信息使用原则存在于各个法律法规之中，导致被泄露个人信息的用户一直投诉无门。2021 年 11 月，《中华人民共和国个人信息保护法》的正式生效，预计此类问题在一定程度上将会大幅减少。

1. 个人信息安全的含义

个人信息的概念于《中华人民共和国个人信息保护法》中有了明确的规定，个人信息是指以电子方式或者其他的方式记录的能够识别或可以识别出来的与自然人有关的各种信息，一般分为个人信息和敏感的个人信息。

一般来讲，个人信息安全是指公民身份、财产等个人信息的安全状况。

2. 个人信息泄露

个人信息被当作谋取不正当利益的方式之一，部分不法人员借助个人信息易得到、个人防范意识不强、相关平台监管不严等因素通过不正当手段获得后将个人信息运用到非法活动之中。

特别是随着大数据时代发展，互联网技术、软件技术等得到了全面普及并深度融合，人们在日常生产生活中享受便利的同时，个人隐私也受到不同程度的威胁，信息安全面临重大挑战。黑客或电脑病毒软件，通过整合大数据资源，窃取公民的姓名、性别、职业、出生日期、身份证号码、住址、联系方式、收入和财产状况、健康状况、消费情况等能够单独或者与其他信息结合成可识别的公民信息。其潜在的风险会对个人财产、生命尊严等带来更多的威胁，甚至公民信息是透明的，增加了各种权益受到侵犯的危险。当前大数据技术快速发展，日常出行一部手机可解决所有问题，如购物、买票、外卖、互联网社交、扫码旅行、门诊登记、共享汽车、自行车和充电等。各种共享资源和旅游支付的普及是网络犯罪案件急剧增加的一个重要元素。各种网络犯罪案件和盗窃案件不断出现，利用各类APP漏洞盗取账户信息、财产和身份信息，利用大数据准确投放欺诈性广告，甚至由于网络认知错误诱导公众点击网络链接和二维码，最终遭受财产损失。

3. 个人信息主要类别

基本信息。包括姓名、性别、年龄、身份证号码、电话号码、E-mail 地址及家庭住址等在内的个人基本信息，有时甚至会包括婚姻、信仰、职业、工作单位、收入、病历、生育等相对隐私的个人基本信息。

设备信息。主要是指所使用的各种计算机终端设备（包括移动和固定终端）的基本信息，如位置信息、WIFI 列表信息、Mac 地址、CPU 信息、内存信息、SD 卡信息、操作系统版本等。

账户信息。主要包括网银账号、第三方支付账号，社交账号和重要邮箱账号等。

隐私信息。主要包括通讯录信息、通话记录、短信记录、IM 应用软件聊天记录、个人视频、照片等。

社会关系信息。这主要包括好友关系、家庭成员信息、工作单位信息等。

网络行为信息。主要是指上网行为记录，在网络上的各种活动行为，如上网时间、上网地点、输入记录、聊天交友、网站访问行为、网络游戏行为、账号注册行为等个人信息。

4. 个人信息泄露途径

PC 电脑感染、网站漏洞、手机漏洞是个人信息泄露的几大途径。

电脑感染了病毒木马等恶意软件，造成个人信息泄露。

网民在享受互联网带来的便利、快捷功能的同时，不经意间感染了病毒木马等恶意软件，造成个人隐私、重要信息泄露。如轻信假网站被骗。

通过手机泄漏的信息，主要有以下几种途径：

（1）手机中了木马病毒；

（2）使用了黑客的钓鱼 WIFI，或者是自家 WIFI 被蹭网，路由器被监控；

（3）手机云服务账号被盗（弱密码或撞库或服务商漏洞等各种方式）；

（4）拥有隐私权限的 APP 厂商服务器被黑客拖库；

（5）通过伪基站短信等途径访问了钓鱼网站，导致重要的账号密码泄露；

（6）使用了恶意充电宝等黑客攻击设备；

（7）GSM 制式网络被黑客监听短信。

（8）攻击者利用网站漏洞，入侵了保存信息的数据库。

从 2014 年网站安全的攻防实践来看，网站攻击与漏洞利用正在向批量化，规模化方向发展。网站安全直接关系到大量的个人信息数据、商业机密、财产安全等数据。技术人员入侵网站后，一般会篡改网站内容，植入黑链；二是植入后门程序，达到控制网站或网站服务器的目的；三是通过其他方式骗取管理员权限，进而控制网站或进行拖库。2011 年至今，约有总计 11.2167 亿用户信息数据因网站遭遇拖库和撞库等原因被泄露。

5. 个人信息泄露分析

（1）主体防范意识不强

自身防范意识不强或者有防范意识但是用错了地方。

例如，当收到快递时，把贴有快递单的包装盒随手丢弃；当点外卖时，把存有电话号码的订单顺手丢进垃圾桶，这些都会被"有心之人"所利用。再者，当我们下载一个软件后，通常都会出现"申请使用通讯录、信息"等个人信息的选择，但此选择往往却是强制的，如果选择了"取消"，那么便不能使用该软件，直接强制退出，除非选择同意。而部分小众、不正规的软件在我们下载后，跳出来选择的通知，部分用户可能因为不在意，并没有仔细查看而全部选择同意。可能这些通知里面就夹杂着一些容易泄露信息的选项，由于我们疏忽大意地忽视了，从而泄露了个人信息近年来，更换商家二维码实施支付盗窃，利用老人对于一些垃圾短信的错误认知造成的误点链接，伪装成银行人员和公安人员进行诈骗，利用发送礼物或公众的同情心欺骗扫描二维编码以获得个人用户信息等等。在个人信息泄露而接到相关诈骗信息后，因为对方详细地了解自身的个人信息而选择去相信，没有与相关其他人员核实或者未进行报警处理，从而造成了财产的损失，这就体现了个人信息的防范意识存在问题。

（2）客体平台监管不到位

互联网平台技术的应用，既推动了平台经济的发展，也带来了监管挑战。数字化、开放性等技术特性赋予互联网平台跨界性、双边网络效应、破除行业垄断等效能，并显著提高了网约车等平台经济的经济效益和社会效益。研究发现，平台监管举措如果无视互联网平台的技术特性，不仅会限制平台经济的经济效益和社会效益，还会加大监管成本并削弱监管效果。因此，平台监管创新只有结合互联网平台的技术特性，善用其技术能力，才能更好地降低平台治理成本、提高其治理效果并引导技术向善。

平台方面对用户个人信息的保护及平台商户的监管不足。由于平台或者网站内部的管理或者其他内部人员的监管不到位，导致只要作为平台或者网站的内部人员都能够接触到其用户的个人信息。而这些人中可能会存在部分"图谋不轨"的人员，从而利用自身便利的条件对用户的个人信息进行窃取或者泄露。

4.2.3　网络安全与个人信息安全的法律保护

1. 《中华人民共和国网络安全法》

《中华人民共和国网络安全法》自 2017 年 6 月 1 日起施行，是我国第一部全面规范网络空间安全管理方面问题的基础性法律，是依法治网、化解网络风险的法律重器，本法共有七章七十九条，内容十分丰富，如图 4.2.2 所示。

中华人民共和国网络安全法

(2016年11月7日第十二届全国人民代表大会常务委员会第二十四次会议通过)

目　录

第一章　总　则

第二章　网络安全支持与促进

第三章　网络运行安全

　　第一节　一般规定

　　第二节　关键信息基础设施的运行安全

第四章　网络信息安全

第五章　监测预警与应急处置

第六章　法律责任

第七章　附　则

图 4.2.2　《中华人民共和国网络安全法》目录

《中华人民共和国网络安全法》五个重点事项：

（1）不得出售个人信息；

（2）严厉打击网络诈骗；

（3）以法律形式明确"网络实名制"；

（4）重点保护关键信息基础设施；

（5）惩治攻击破坏我国关键信息基础设施的境外组织和个人。

使用网络十个不能：

（1）不能危害网络安全；

（2）不能为危险网络安全的活动提供工具及帮助；

（3）不能危害国家安全、荣誉和利益；

（4）不能煽动颠覆国家政权、推翻社会主义制度；

（5）不能煽动分裂国家、破坏国家统一；

（6）不能宣扬恐怖主义、极端主义；

（7）不能宣扬民族仇恨、民族歧视；

（8）不能传播暴力、淫秽色情信息；

（9）不能编造、传播虚假信息扰乱经济秩序和社会秩序；

（10）不能侵害他人名誉、隐私、知识产权。

2.《中华人民共和国网络安全法》的重大意义

习近平总书记指出："人民对美好生活的向往，就是我们的奋斗目标。"营造和谐清朗的网络空间，是人民过上美好生活的共同愿望，更是党和政府义不容辞的责任。《中华人民共和国网络安全法》于 2017 年 6 月 1 日正式实施，是我国首部网络空间管辖基本法，对于建设国家网络安全体系、维护网络空间主权、发展网络强国战略、贯彻依法治国基本方针具有重大意义，也为严厉打击各种网络乱象，持续净化网络环境提供了坚强有力的法治保障。

2023 年 6 月 1 日是《中华人民共和国网络安全法》实施六周年。根据相关数据显示，截至 2022 年 6 月 1 日，中国网民的人数从 7 亿增加至 10.3 亿，互联网普及率由 53％增加至 73%，高速增长的背后是《中华人民共和国网络安全法》的保驾护航，其为我国网络空间的净化、网络生态的治理、网络环境的改善奠定了坚实的基础，成为维护网络权利与义务的最重要法律依据。《中华人民共和国网络安全法》的全面实施，使我们依法治理网络乱象的底气更足，依法打击网络违法犯罪的决心更强。没有网络安全就没有国家安全。让我们牢固树立正确的网络安全观，增强法治观念，增强法律意识，依法维护网络空间安全，共筑国家网络安全防线，争做中国好网民。

4.3　个人信息安全的法律保护

我国对于个人信息安全保护一直以来都是十分重视的，个人信息安全保护不但包含有互联网中的个人信息，还有很多其他方面的个人信息。我国对于个人信息安全十分重视，国家出台了《中华人民共和国民法总则》对侵犯个人信息的行为进行了详细的界定，结合《中华人民共和国网络安全法》和其他的相应法律，对个人信息安全进行了全面的管理。

违反个人信息保护相关法律法规，造成严重后果的，应当承担刑事责任。根据我国刑法规定，违反国家有关规定，向他人出售或者提供公民个人信息，情节严重的，处三年以下有期徒刑或者拘役，并处或者单处罚金；情节特别严重的，处三年以上七年以下有期徒刑，并处罚金。

违反个人信息保护相关法律法规，给他人造成损失的，应当承担民事责任。根据我国民法典规定，自然人享有隐私权。任何组织或者个人不得以刺探、侵扰、泄露、公开等方式侵害他人的隐私权。如果侵犯了他人的隐私权，造成了损失，应当承担相应的民事责任。

违反个人信息保护相关法律法规，应当承担行政责任。根据我国网络安全法规定，任何个人和组织不得违反法律法规的规定，向他人出售或者提供公民个人信息。如果违反了这一规定，除了需要承担刑事责任外，还应当依法承担行政责任。

违反个人信息保护相关法律法规，应当承担经济赔偿责任。根据我国民法典和合同法规定，因信息泄露给他人造成损失的，应当承担相应的经济赔偿责任。

违反个人信息保护相关法律法规，应当受到行政处罚的，应当依法承担行政责任。根据我国行政处罚法规定，违反法律法规规定，向他人出售或者提供公民个人信息，情节严重的，应当受到行政处罚。总之，个人信息保护的法律责任包括刑事责任、民事责任、行政责任和经济赔偿责任等。这些责任是根据法律法规的规定和实际情况而确定的，旨在保护公民的合法权益和信息安全。

第 5 章　智能设备及常用 APP 的使用

随着科技的飞速发展特别是 AI（人工智能）技术的兴起，智能设备已经成为我们日常生活中不可或缺的一部分，目前主流智能设备包括智能手机、平板电脑、智能手表、智能音箱等等，它们不仅提供了便捷的通讯方式，还为我们带来了丰富的娱乐和学习资源。考虑到智能手机是最具有代表性的智能设备，在这一章中，我们将重点介绍智能手机及其常用 APP 的使用。

首先，我们将探讨智能手机的基本操作与功能，包括拨打电话、发送短信、上网浏览等。然后，我们将详细介绍一些常用的 APP，如社交媒体应用、新闻阅读应用、健康管理应用等。这些 APP 可以帮助我们更好地管理时间，提高工作效率，丰富生活。

此外，我们还将探讨如何正确使用智能手机及其维护与保养，以及如何保护个人信息隐私与安全等等。在数字化的世界中，信息安全是每个人都需要关注的问题。因此，我们将提供一些实用的建议，帮助大家避免网络风险。

需要说明的是：（1）当前智能手机主流操作系统有 Android system（安卓系统）、iOS（iPhone 系统）和 HarmonyOS（鸿蒙系统，国产），2023 年第一季度它们的国内市场占比分别为 72％、20％与 8％，鸿蒙系统占比逐年上升；每种操作系统有不同的迭代版本，其功能菜单也有所不同的，同时考虑到安卓系统受众最多，并且鸿蒙系统和安卓系统都是基于 Linux 内核的操作系统，很多功能相似，故本章的操作演示环境以安卓操作系统为主，鸿蒙系统为辅；（2）智能手机功能有很多，本章主要介绍常用且实用的基本功能，较少涉及高级功能。

5.1　智能手机的基本操作

本节所有操作均在 HarmonyOS 3.0.0（鸿蒙系统）版本的环境下演示。

5.1.1　全面屏导航的常用手势与快捷键

当前占主流的全面屏导航手势是一种新的操作方式，它可以通过在屏幕上滑动、捏合、缩放等方式来实现不同的操作功能，而传统导航键则是通过在屏幕上点击虚拟按键来实现不同的操作功能，如图 5.1.1 所示。全面屏导航手势的优势在于可以增加屏幕的显示范围，整体感强，更适合用来上网或者阅读文字内容，而虚拟导航按键必须在底部显示一条导航栏，会占用一部分屏幕，比较少用。当然全面屏导航手势也有不便使用的时候，比如横握状态下全屏玩游戏的时候，尤其是当用户需要在屏幕边缘进行操作的时候有可能会发生误触，读者们可结合实际情况灵活选择。下面主要介绍全面屏导航手势的使用方法。

1. 全面屏导航手势的设置

进入设置＞系统和更新＞系统导航方式，确保选择了手势导航，如图 5.1.2 所示。

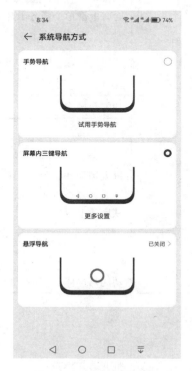

图 5.1.1　虚拟按键导航

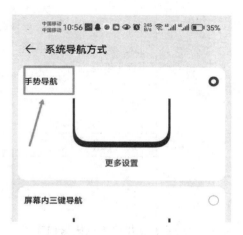

图 5.1.2　手势导航

2. 常用全面屏导航手势（表 5.1.1）

表 5.1.1　常用的全面屏导航手势

图示 1	功能与操作	图示 2	功能与操作
	返回上一级：从屏幕左边缘或右边缘向内滑动		返回桌面：从屏幕底部边缘上滑

图示 3	功能与操作	图示 4	功能与操作
	进入最近任务：从屏幕底部边缘向上滑并停顿，在此也可快速切换最近的应用	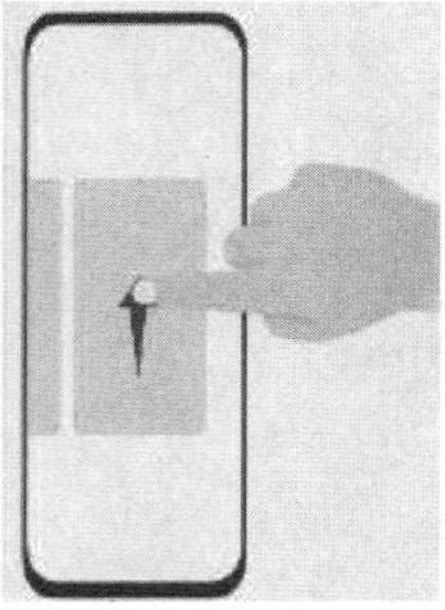	结束单个任务：查看多任务时，上滑单个任务卡片
图示 5	功能与操作	图示 6	功能与操作
	进入桌面编辑状态：在桌面上双指捏合	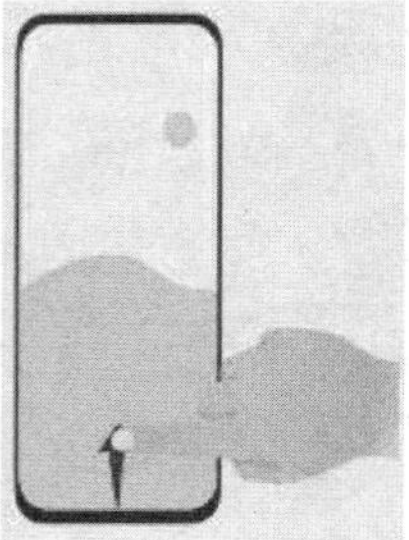	进入锁屏快捷操作：面板锁屏后，点亮屏幕，然后单指从底部上滑
图示 7	功能与操作	图示 8	功能与操作
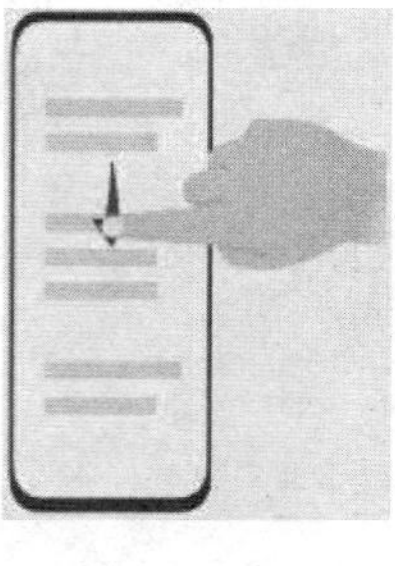	打开搜索：从桌面中部向下滑动，打开搜索框	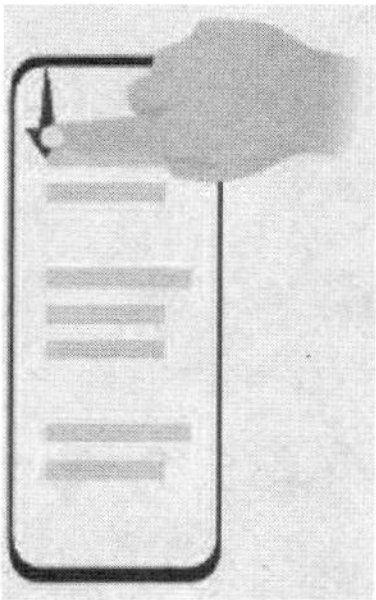	打开通知消息：从屏幕顶部左侧下滑出通知消息
图示 9	功能与操作	图示 10	功能与操作
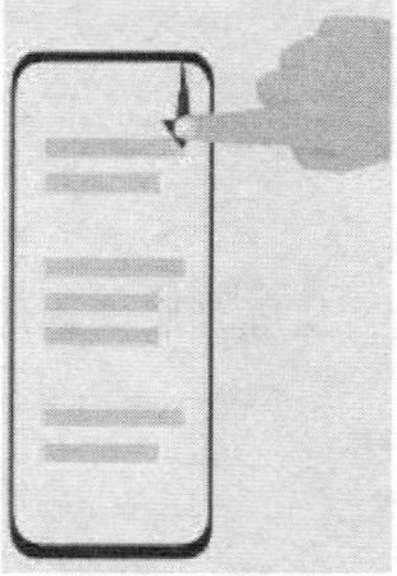	打开快捷开关：从屏幕顶部右侧下滑出控制中心，点击一展开快捷开关栏（取决于您的机型）	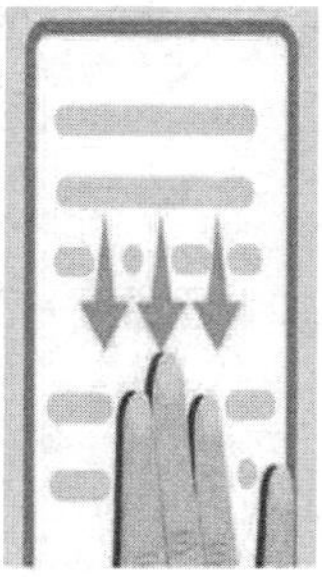	三指截屏：三根手指从屏幕同时滑下可截取当前显示的屏幕，即可编辑此截屏

注：由于有些手机的版本不同，可能不支持部分功能，请以实际情况为准。

3. 常用快捷键操作（表 5.1.2）

表 5.1.2　常用快捷键操作

图示 1	功能与操作	图示 2	功能与操作
	调大音量：按音量上键；调小音量：按音量下键；部分产品无音量键，此功能因产品而异，请以实际情况为准		截取当前显示的屏幕：同时按音量下键和电源键
图示 3	**功能与操作**	**图示 4**	**功能与操作**
	唤醒智慧语音：长按电源键 1 秒。使用前，请进入设置＞智慧助手＞智慧语音，确保电源键唤醒开关已开启		关机和重启：长按电源键直至手机弹出关机和重启菜单，点击对应菜单

5.1.2　从锁屏界面快速打开应用

在锁屏界面，无须输入锁屏密码，您就可以快速打开录音机、计算器、手电筒、时钟和相机等常用应用。

（1）点亮屏幕，按住右下角相机图标并上滑，打开相机。

（2）点亮屏幕，从屏幕底部边缘向上滑动，打开快捷操作面板，您可根据需要点击应用图标，例如手电筒、计算器、计时器等，如图 5.1.3 所示。

5.1.3　桌面整理

桌面的应用图标越来越多，通过整理让手机桌面更符合自己的使用习惯，您可以通过以下方式管理桌面布局。

图 5.1.3　打开快捷操作面板

179

1. 调整桌面图标位置

长按应用图标，然后根据需要将其拖动到桌面任意位置。

2. 自动对齐桌面图标

在主屏幕双指捏合，进入桌面设置，开启自动对齐功能。当您删除某个应用后，桌面图标将自动补齐空位，如图 5.1.4、图 5.1.5 所示。

图 5.1.4　进入桌面设置　　　　　**图 5.1.5　自动对齐功能**

3. 锁定桌面图标位置

在主屏幕双指捏合，进入桌面设置，开启锁定布局功能，桌面图标位置将被锁定。

4. 选择桌面图标排列形式

在主屏幕双指捏合，进入桌面设置＞桌面布局，选择您喜欢的桌面图标排列形式。

5. 通过设置菜单进入桌面设置

进入设置＞桌面和壁纸＞桌面设置，开启自动对齐功能等。

6. 通过文件夹管理桌面图标

将应用分类放在文件夹中，并给文件夹取名（有的手机不支持），方便您管理桌面图标。长按应用图标，然后将其拖动到另一个图标上，两个图标将集合在这个新文件夹中。

7. 添加或移除桌面文件夹中的图标

打开文件夹，点击"＋"，部分手机会根据文件夹内已有应用类型，智能推荐同类型应用。您可执行如下任一操作：

（1）勾选要添加的应用，然后点击确定，勾选的应用将被自动添加到该文件夹。

（2）将已添加的应用取消勾选，然后点击确定，取消勾选的应用将会从该文件夹中移除。若将文件夹中的应用全部取消勾选，此文件夹将被删除。

8. 更换手机主桌面

您可以根据使用习惯，将手机中的任一桌面设置为您的主桌面。

（1）在桌面上双指捏合，进入桌面编辑状态。

（2）左右滑动屏幕，在喜欢的桌面上方点击 ⬆，即可将其设置为主桌面。

5.1.4　添加、移动或删除桌面窗口小工具

您可以根据需要添加、移动或删除桌面窗口小工具，包括一键锁屏、天气、备忘录预览、联系人、日历等。

1. 添加天气、时钟等桌面小工具

（1）在桌面上双指捏合，点击服务卡片进入详情页面，如图 5.1.6 所示。

（2）在服务卡片页面，向下滑动至最底部，点击窗口小工具进入详情页面。

（3）窗口小工具页面，向下滑动可查看所有小工具，也可点击屏幕右侧字母直接跳转到该字母开头的小工具，如图 5.1.7、图 5.1.8 所示。

（4）长按需要的小工具，点击添加至桌面。添加成功后，可长按并拖动小工具调整位置。

图 5.1.6　服务卡片详情页面　　图 5.1.7　选择服务卡片　　图 5.1.8　选择窗口小工具

2. 移动或删除窗口小工具

在桌面，长按一个窗口小工具，然后可将其拖动到桌面的任意位置，或点击移除将其删除。

5.1.5　截屏

手机截屏的作用是将当前手机屏幕的显示内容以图片的形式截取下来，以备以后查看、分享或者备份，是一个很常用的手机功能。

1. 使用组合键截取完整屏幕

同时按下电源键和音量下键截取完整屏幕。

2. 使用快捷开关截取完整屏幕

从屏幕顶部右侧下滑出控制中心，点击"—"按钮展开快捷开关栏（取决于您的机型），点击截屏，截取完整屏幕，如图 5.1.9 所示。

3. 使用三指下滑截取完整屏幕

（1）进入设置＞辅助功能＞快捷启动及手势＞截屏或设置＞辅助功能＞手势控制＞三指下滑截屏（取决于您的机型），确保三指下滑截屏开关已开启。

（2）使用三指从屏幕中部向下滑动，即可截取完整屏幕。

4. 分享、编辑截屏内容以及提取图文字

截屏完成后，左下角会出现缩略图。您可以：

（1）向上滑动缩略图，选择一种分享方式，快速将截图分享给好友。

（2）点击缩略图，对截屏内容进行编辑、删除等操作。

如图 5.1.10 所示截屏，默认保存在图库中。

图 5.1.9　控制中心的截屏功能

图 5.1.10　截屏内容的编辑操作

5.1.6　录屏

录屏，即录制手机屏幕。您可以将屏幕操作过程录制成视频，分享给亲朋好友。

1. 使用组合键录屏

同时按住电源键和音量上键启动录屏，再次按住结束录屏。

2. 使用快捷开关录屏

（1）从屏幕顶部右侧下滑出控制中心，点击"—"按钮展开快捷开关栏（取决于您的机型），点击屏幕录制，启动录屏。

（2）点击屏幕上方的红色计时按钮，结束录屏。

（3）进入图库查看录屏结果。

如图 5.1.11 所示。

图 5.1.11　控制中心的屏幕录制入口

3. 边录屏，边解说

录屏时，您可点击麦克风图标，选择开启或关闭麦克风：🎤表示麦克风开启，您可以边录屏，边解说；🔇表示麦克风关闭，此时仅可以收录系统音（如：正在播放的音乐、视频等声音）。

5.1.7　安装与卸载应用程序

1. 安装应用程序

为了智能手机避免受到非法应用程序干扰，应在本机系统自带的应用市场（商店）下载应用程序来安装，相对安全可靠，一般情况下不建议随意安装来路不明的 APP；在桌面上找到并打开应用市场，在其界面的搜索栏输入要安装的应用程序并点击搜索，如果能找到即可下载并安装，如图 5.1.12 所示。

2. 卸载应用程序

卸载应用程序最简单的方法就是长按应用程序的图标，在弹出的菜单上选择"卸载"即可卸载该应用程序，如图 5.1.13 所示，卸载后可以释放手机存储空间，一般情况下系统内置的程序不能卸载。

也可以按以下路径卸载应用程序：进入设置＞应用和服务＞应用管理，找到该应用程序，点击卸载。

图 5.1.12　应用程序安装

图 5.1.13　卸载应用程序

5.2　常用智能手机设置

本节所有操作均在 HarmonyOS 3.0.0（鸿蒙系统）版本的环境下演示。智能手机的系统功能设置都放在设置视图里，是许多功能设置的入口，进入设置视图有两种方式：

（1）从屏幕顶部右侧下滑出控制中心，点击"❋"按钮，进入手机设置，如图 5.2.1 所示；

（2）点击桌面上的"❋"图标，进入手机设置，如图 5.2.2 所示。

图 5.2.1　从控制中心进入设置

图 5.2.2　从桌面进入设置

5.2.1　WLAN

通过无线局域网（ wireless local area network ，简称为 WLAN ）连接网络，有效节约了数据流量。可开启 WLAN 安全检测，过滤风险热点，让接入网络更安全。请谨慎接入公共场所的免费 WLAN 网络，避免造成个人隐私数据泄露及财产损失等安全隐患。

相关操作和设置如下。

（1）进入设置＞ WLAN ，开启 WLAN 开关，如图 5.2.3 所示。

（2）在 WLAN 设置界面，通过以下方式连接 WLAN 网络。

在可用 WLAN 中，点击要连接的 WLAN 网络，如果选择了加密的网络，则需输入密码；如果手机已经连接上 WLAN 网络，可点击该 WLAN 网络，会弹出二维码，可供别的手机扫码直接连上 Wi-Fi ，避免输入冗长的 Wi-Fi 密码，如图 5.2.4 所示。手机顶部的状态栏显示 Wi-Fi 信号图标，表示手机正通过 WLAN 方式上网。

图 5.2.3　开启 WLAN 开关　　　　**图 5.2.4　手机扫码直连 WIFI**

5.2.2　蓝牙

蓝牙是一种支持设备短距离通信（一般 10m 内）的无线电技术，能在包括移动电话、PDA、无线耳机、笔记本电脑、相关外设等众多设备之间进行无线信息交换。利用"蓝牙"技术，能够有效地简化移动通信终端设备之间的通信，也能够成功地简化设备与因特网 Internet 之间的通信，从而让数据传输变得更加迅速高效，为无线通信拓宽了道路。

进入设置＞蓝牙设置视图，使蓝牙功能处于开启状态（右边按钮为蓝色），如图 5.2.5

所示，可以设置本设备的名称、使用蓝牙接收的文件，还可以查看曾经配对成功的外部蓝牙设备以及未配对的可用外部设备。点击已配对的设备即可连接，而连接未配对的设备可能需要输入系统弹出来的配对码，部分不需要配对码，视设备不同而定。

5.2.3　移动网络

移动网络指的是使用移动设备，如手机、掌上电脑或其他便携式工具连接到电信运营商的公共网络，实现互联网访问的方式。

进入设置＞移动网络，如图 5.2.6 所示。相关操作和设置如下。

图 5.2.5　蓝牙设置

图 5.2.6　移动网络

（1）开启或关闭飞行模式。搭乘飞机时，可按照航空公司要求，开启飞行模式。飞行模式会禁止手机接打电话、收发短信、使用数据流量，其他功能仍可正常使用。您可以通过从屏幕顶部右侧下滑出控制中心，点击"—"按钮展开快捷开关栏（取决于您的机型），开启或关闭飞行模式或者进入设置＞移动网络，开启或关闭飞行模式开关。

（2）移动数据。可开启或关闭电信运营商的公共移动网络，开启后将产生流量计费，关闭后手机将不用使用移动网络上网，如图 5.2.7。

（3）SIM 卡管理。这里可以开启或关闭电信运营商的 SIM 卡（手机通话卡），可选择移动数据的默认使用卡（如手机支持双卡），如图 5.2.8 所示。

图 5.2.7　移动数据设置　　　　　图 5.2.8　SIM 管理

（4）个人热点。个人热点允许用户通过移动设备（如手机）创建一个可分享的网络，其他设备可以连接到这个网络以获取互联网连接。通过手机的设置界面进行设置网络名称和密码，一旦设置完成，你的手机就会变成一个"移动的 Wi-Fi"，其他设备只需连接到你分享的网络就可以上网。需要注意的是，如果你不再使用热点，最好关闭它以避免不必要的流量损失。

5.2.4　显示和亮度

进入设置＞显示和亮度，在亮度的设置上拉动蓝色亮度条改变屏幕的亮度，也可以激活"自动调节"按钮，使屏幕可以自适应环境亮度；字号大小可选择视图中的"字体与显示大小＞显示大小"菜单进行设置，如图 5.2.9 所示。

图 5.2.9　显示和亮度设置

5.2.5　生物识别和密码

1.设置锁屏密码

（1）进入设置＞生物识别和密码，点击锁屏密码。

（2）根据屏幕提示输入数字密码，或点击其他密码类型，选择一种密码类型录入，您可以选择数字、图案或混合密码，如图5.2.10所示。

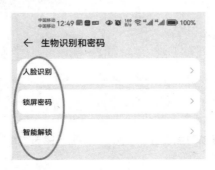

图 5.2.10　生物识别和密码设置

2.更改锁屏密码

（1）再次进入生物识别和密码，点击更改锁屏密码。

（2）输入旧锁屏密码。

（3）然后输入新密码，或点击其他密码类型，选择并录入新密码。

3.关闭锁屏密码

进入生物识别和密码，点击关闭锁屏密码。

5.2.6　安全

开启应用锁保护私密应用，给聊天、支付等隐私应用加把"锁"，有效防止别人未经允许访问。

1.启动应用锁

进入设置＞安全＞应用锁＞开启，按照屏幕提示设置应用锁密码并选择加锁应用。

若您的设备支持指纹、人脸且已录入，还可以根据弹框提示将应用锁关联人脸或指纹，通过刷脸或指纹进入应用，如图5.2.11所示。

2.取消或关闭应用锁

进入应用锁设置界面，请执行以下任一操作。

图 5.2.11　应用锁设置

（1）取消应用锁：在加锁应用列表中，关闭要取消应用锁的应用尾部开关。

（2）关闭应用锁：关闭应用锁开关，根据界面提示点击重置。此操作会取消所有应用的应用锁，同时清除应用锁的所有数据。

5.2.7　系统和更新

1. 软件更新

可升级到最新的操作系统版本，可自动更新和手动更新。

2. 语言和输入法

进入设置＞系统和更新＞语言和输入法，如选择小艺输入法，可将其设置为默认输入法。

5.2.8　关于手机

可以查看本机重要的软硬件信息，如手机型号名称、型号代码、操作系统版本、处理器与内存等，如图 5.2.12 所示。

图 5.2.12　手机软硬件信息

5.3　常用系统内置应用程序

本节所有操作均在 HarmonyOS 3.0.0（鸿蒙系统）版本的环境下演示。

5.3.1　时钟设置

点击桌面上的时钟图标，进入时钟的设置界面，时钟功能设置有：闹钟、世界时钟、秒表和计时器。

1. 闹钟

可以对设置好的闹钟进行开启/关闭、编辑修改与删除等操作；点击界面中下的蓝色

"＋"按钮，进入到新建闹钟的界面，设置闹钟的属性后保存即可新建好一个闹钟，如图 5.3.1、图 5.3.2 所示。

2. 世界时钟

在这里可修改、删除，添加世界不同时区的当前时间，如图 5.3.3 所示。

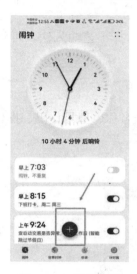

图 5.3.1　闹钟设置

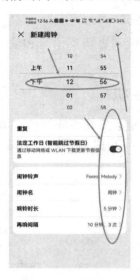

图 5.3.2　新建闹钟

3. 秒表

这是一个模拟的机械秒表，具有正计时功能。

4. 计时器

这个功能跟秒表刚好相反，是一个倒计时模拟装置，如图 5.3.4 所示。

图 5.3.3　世界时钟

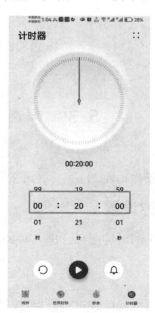

图 5.3.4　计时器

5.3.2　手电筒

打开方式：

（1）在锁屏状态下，点亮屏幕，单指从屏幕底部往上滑，在出现的菜单中点击手电筒图标，即可打开手电筒。

（2）在屏幕解锁状态下，单指从屏幕右边滑下，打开快捷开关，点击手电筒，如图5.3.5所示。

5.3.3　天气预报

在桌面找到天气图标，点击打开天气应用，可以查看近几小时和近几天的天气情况，点击右上角"∷"，打开功能菜单，进一步设置天气属性，如图5.3.6所示。

5.3.4　指南针

在桌面找到指南针图标，点击打开指南针应用，可查看当前的方向、经纬度、磁场和海拔，如图5.3.7所示。

图5.3.5　手电筒

图5.3.6　天气信息

图5.3.7　指南针

5.3.5　日历

1. 日历显示方式

进入日历，点击左上角日期旁边的"∷"，可选择将按年、月、周、日和日程等视图显示，如图5.3.8所示。

2. 添加日程

（1）进入日历，点击右下角＋＞日程。

（2）输入日程的标题、地点、开始、结束时间等详细信息。若需要在设置时间时显示农历，勾选显示农历即可

（3）点击添加提醒，设置日程的提醒时间。

（4）点击√保存。若需要全屏强提示弹窗提示，可在添加过程中开启重要提醒。

3. 跳转到指定日期

进入日历，点击右上角"∶∶"进入到菜单列表，选择"跳转到指定日期"，查看当天日历情况，如图 5.3.9 所示。

图 5.3.8　日历设置

图 5.3.9　日期跳转

4. 订阅管理

进入日历，点击右上角"∶∶"进入到菜单列表，选择"订阅管理"，可订阅或取消自己需要的信息，如黄历、星座、课程表等信息，订阅后的信息将在月视图下面显示，如图 5.3.10所示。

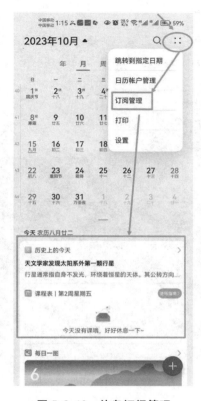

图 5.3.10　信息订阅管理

5.3.6　输入键盘的使用

以小艺输入法为例，输入键盘的布局如图 5.3.11 所示，配图仅供参考，请以产品实际为准。

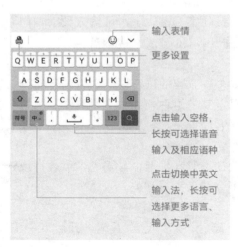

图 5.3.11　输入键盘布局

1. 切换中文输入键盘

在输入键盘，长按左下角的❀或进入❀＞键盘布局，您可以选择 26 键、9 键、笔画、手写键盘和五笔各种键盘布局，或者进行键盘布局的切换，如图 5.3.12 所示。

图 5.3.12　键盘布局的切换

2. 切换输入语言

长按左下角的中英文切换键，快速切换中英文。

3. 文字输入

（1）按键输入。

小艺输入法采用 26 键或 9 键键盘进行拼音输入，依次点击拼音字母，上方词条会出现联想词，点击即可输入。按住字母键，上滑可输入数字，向左或向右滑动，可以输入字母。长按中/英键，您可点击切换 26 键或 9 键键盘。

（2）语音输入。

支持四川话、上海话等多种方言的语音输入，将语音转为文字，提升输入效率和使用便利性。长按空格键，上滑至某一语种，如中文、英文、阿拉伯文等等，选择您想使用的语种；长按空格键，进行语音输入。

（3）手写输入。

支持免切换键盘，直接在拼音键盘上手写输入，可叠写或连写。在输入键盘中，进入＞设置＞手写设置，开启拼音键盘手写开关。

（4）五笔输入。

在输入键盘中，进入＞键盘布局，点击五笔，开启五笔输入或按界面提示进行操作（如：下载五笔字典）。

（5）翻译输入文字。

使用小艺输入法，可以对输入的文字进行翻译，方便交流与办公，如图 5.3.13 所示。

　　开启或关闭翻译功能：在输入键盘中，点击✿＞翻译输入，开启或关闭翻译功能。

　　选择翻译目标语言：开启翻译功能后，点击自动，可选择待翻译的目标语言（如：西班牙语）。

图 5.3.13　翻译功能

5.3.7　紧急呼叫电话/SOS 紧急求助

　　在锁屏的状态下，可以拨打以下紧急电话：110、120、119 和个人紧急电话，如图 5.3.14 所示。

　　个人紧急电话可以设置为自己亲人的手机号码，进入设置＞安全＞其他＞ SOS 紧急求助，如图 5.3.15 所示，这里可以添加紧急联系人的手机号码、开启/关闭自动发生求助信息和自动拨打求助电话。

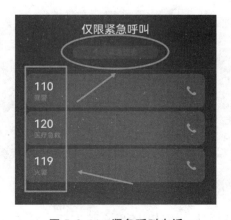

图 5.3.14　紧急呼叫电话

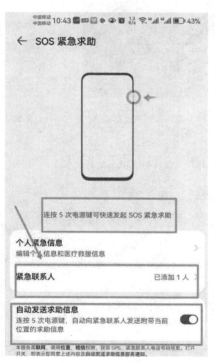

图 5.3.15　个人紧急电话

5.3.8　通话录音

在一些特殊情况下，需要对通话进行录音，保存录音记录，操作如下：在拨号键盘拨打电话的界面上，拨通电话后，点击录音按钮，进行通话录音，录音文件将保存在录音机里面，如图 5.3.16 所示。

5.3.9　录音机

在屏幕上找到录音机，点击打开录音机，可查看已存在的通话录音和普通录音文件，长按录音文件可对其进行管理，如图 5.3.17 所示。点击下面的红色按钮，进入到普通录音状态，如图 5.3.18 所示。

图 5.3.16　通话录音功能

图 5.3.17　录音文件管理

图 5.3.18　普通录音

5.3.10　通讯录联系人

1. 进入通讯录联系人

进入通讯录联系人有两种方式：

（1）点击电话拨号图标，选择联系人；

（2）在屏幕上找到联系人图标，点击进入。

2. 搜索联系人

如联系人太多，可在主界面的搜索栏输入联系人名称或其手机号码，快速查找到联系人。

3. 编辑与新建联系人

在联系人界面，点击某一个联系人，进入联系人的编辑与删除状态；点击右上角

"＋"，可新建联系人。

4. 群组功能

联系人越来越多，应进行分类整理，通过群组功能，可把联系人分门别类，便于管理与维护，如分成家人组、同学组、同事组等等，如图 5.3.19 所示。

图 5.3.19　通讯录联系人管理

5.3.11　相机

1. 常用的打开相机方式

（1）解锁状态下，在屏幕上找到相机图标，点击打开相机。

（2）锁屏状态下，点亮屏幕（未解锁），按住右下角的相机图标并上滑，即启动相机。

2. 相机主视图上的功能按键

如图 5.3.20 所示，配图仅供参考，请以产品实际为准。

3. 相机设置

点击主视图右上 图标，进入设置界面，如图 5.3.21 所示，可以设置照片、视频等的属性。

4. 常用的拍摄模式

常用的拍摄方式有：夜景、人像、拍照、录像。根据不同的实际场景选择适宜的拍摄方式。

图 5.3.20　相机功能键　　　　**图 5.3.21　相机设置**

5. 实用有趣的智慧视觉

在拍照模式下，点击左上角的智慧视觉图标，进入到图 5.3.22 的界面，在底部有分类的智能识别图像功能。

● 卡路里：能识别食物，并获取食物的卡路里（热量）信息。

● 识文：支持识别文字并复制，以及搜索题目。

● 识物：支持识别花草、汽车、店铺、宠物和名人，以及查找相似的图片。

● 购物：支持在多种购物平台购买识别到的商品。

● 翻译：可对文字进行拍照翻译/AR 翻译，支持多种语言互译。

● 扫码：扫二维码/商品码/快递码等等。

● 文档扫描：可正对文档进行拍照，用以生成高清扫描件。

● 试卷还原：可自动擦除试卷上的手写字迹，还原空白卷面。

● 身份证：可方便对身份证的人面像与国徽拍照。

5.3.12　图库

在屏幕上找到图库图标，点击进入图库主视图。

1. 照片视图

按照拍摄时间倒序呈现照片，点击图片可管理指定的图片，可分享、收藏、编辑、删除、移动和提取照片

图 5.3.22　智慧视觉功能键

上的文字等，功能按键如图 5.3.23 所示。

　　2. 相册视图

　　照片越来越多，应放在不同的相册里面，便于分类管理。在图库的主视图上单击相册，可查看已存在的相册，可新建、编辑、删除及分享相册，如图 5.3.24 所示。

图 5.3.23　照片视图

图 5.3.24　相册视图

5.3.13　浏览器

　　浏览器是用来浏览网页的一种工具，常用的浏览器有系统内置的浏览器（如华为浏览器）与第三方浏览器（如 UC、Google Chrome、360 安全浏览器等等）。

　　（1）浏览网址的常用方式。可点击超级链接或在浏览器的地址栏输入目标网址进入，如图 5.3.25 所示。

　　（2）收藏（书签）与浏览历史功能。从底部菜单中点击"我的"，如图 5.3.26 所示功能，可将有价值的网页收藏起来供日后翻查；历史功能可查看最近浏览的网页。

图 5.3.25　在浏览器的地址栏输入目标网址　　　　图 5.3.26　　浏览器的收藏与历史功能

5.3.14　使用投屏功能

通过无线投屏，可将小屏的手机/平板内容或媒体文件（图库、音乐和视频）投射到大屏上，获得跨屏体验。

1. 无线投屏支持的设备

（1）Miracast/Cast＋设备：具备 Miracast 功能的电视、投屏设备等。仅支持屏幕镜像投射。

（2）DLNA 设备：仅支持多媒体文件（图库、音乐和视频）投屏，如具备 DLNA 功能的电视、投屏设备等。图库、音乐和视频播放界面都有无线投屏按钮，有可用设备时，可点击按钮完成投屏。

DLNA 是一种让多媒体设备在本地网络上相互交流的方式。符合 DLNA 标准的设备可以通过网络相互传输本地视频、音频和图片文件。DLNA（Digital Living Network Alliance）的全称是数字生活网络联盟，成立于 2003 年 6 月 24 日，旨在解决个人 PC、消费电器、移动设备在内的无线网络和有线网络的互联互通，使得数字媒体和内容服务的无限制的共享和增长成为可能；Miracast/Cast＋协议是一种无线技术协议，用于将屏幕无线连接到我们的计算机。它是 Wi-Fi 联盟定义的无线显示标准之一，它是一种协议，该协议允许两个设备进行连接并在另一个屏幕上进行镜像。

2. 使用无线投屏的两种方式

1）视频、音频、图片等媒体内容在应用程序内投屏

（1）打开大屏设备，并确保 DLNA 协议对应的开关或投屏开关已开启。大屏设备与

手机需连接至同一网络。

（2）在视频、音乐、图库等应用内的投屏入口（如：TV）发起投屏。如图 5.3.27 所示。

2）手机屏幕投屏到大屏

（1）打开大屏设备，并确保 Miracast／Cast ＋协议对应的开关或投屏开关已开启。

（2）从手机顶部右侧下滑出控制中心，点击展开快捷开关栏，点亮无线投屏，手机开始搜索周边大屏设备。

（3）搜索完成后，在手机设备列表选择对应的大屏设备，将手机屏幕投射到大屏。

如图 5.3.28 所示。

图 5.3.27　应用程序内的投屏入口（TV）

图 5.3.28　控制中心的无线投屏

5.4　智能手机的安全与隐私保护

　　随着技术的发展，手机也变得越来越智能。种类繁多的功能在给人们生活带来便利的同时，也带了一定的安全风险。如今人们的手机已不仅仅是沟通交流的工具了，它还化身一部数码相机、一支便携录音笔、一个便利的移动钱包等等其他重要的物品。所以，智能手机的安全和隐私保护也应该是用户需要重点留意的方面。智能手机提供多种安全措施，比如提供了多种设备解锁的方式包括密码解锁、图案解锁、指纹解锁、人脸解锁、蓝牙设备解锁以及混合密码解锁等解锁方式。

下面使用红米手机演示各种不同的设备解锁方式。手机型号：Redmi K40；系统版本：MIUI 14.0.7。

5.4.1 密码的设置与使用

1. 设置锁屏密码（设备密码）

在初次拿到手机时，手机系统一般会引导用户设置密码，如果此时用户没有进行密码设置，也可以等待手机进入系统后进行设置。

在"设置"中找到关于"指纹、人脸与密码"的选项，点击此选项进入密码的设置，如图5.4.1和图5.4.2所示。

图5.4.1 打开设置　　　　图5.4.2 "指纹、人脸与密码"的选项

进入密码设置界面后，如图5.4.3所示。在设置指纹或者人脸等其他解锁方式之前，必须首先设置密码解锁。所以这里我们选择第一个"密码解锁"选项进行设置。

密码解锁提供了图案密码、数字密码、混合密码三种选项。选择其中一种即可。如图5.4.4所示。

图案密码通过在屏幕画预设的密码图形或线条进行解锁，解锁速度快，也不需要输入任何字符，但是容易被旁边的人看到。

数字密码使用多个数字组合密码，不容易被旁边的人看到。

混合密码可混合添加字符，密码复杂程度高，最安全。但是解锁速度是最慢的。用户自己要酌情选择，然后根据页面指引，完成密码设置即可。设置完成后，可以按下电源键锁定手机，然后尝试用设置的解锁方式打开手机。

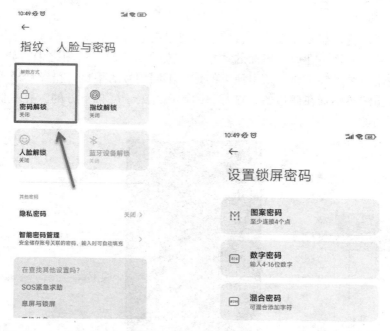

图 5.4.3　"密码解锁"选项　　　　　　图 5.4.4　设置锁屏密码界面

　　值得重点提醒的是：请牢记此密码。一旦忘记密码将无法通过任何技术手段找回，锁屏密码仅能通过清除手机的全部数据（含照片、联系人）来重置，届时手机的数据将无法保留，请谨慎对待。如图 5.4.5 所示。

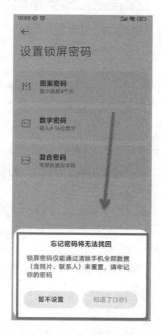

图 5.4.5　忘记密码将无法找回

2. 设置指纹解锁

指纹解锁的设置，需要在设置设备锁屏密码之后进行。

设置的选项，同样是在设置里面的"指纹、人脸与密码"选项之中，如图 5.4.6。完成设置即可使用指纹解锁手机。值得注意的是，不同型号的手机，指纹传感器的位置可能不一样，比如指纹传感器在侧边的、在背部的，还有处于屏幕下方的。有些低端手机可能没有指纹识别功能。

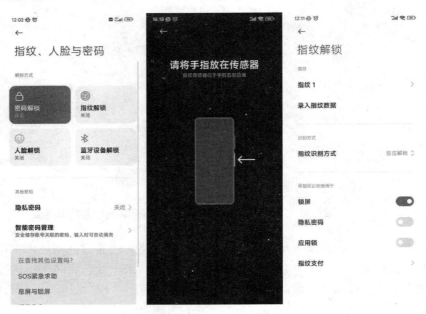

图 5.4.6　设置指纹解锁

3. 指纹密码的应用场景

"指纹支付"是目前大多数手机都支持的功能。使用"指纹支付"功能，可以方便快捷完成支付操作，不需要输入支付密码，在公共场合可以很大程度避免密码被身旁的人看到，资金安全得到进一步保障。

目前大多数的支付类、银行类软件都支持指纹支付，如果用户的手机已经录入了指纹，支付软件一般会在用户完成一次支付后提示用户开启指纹支付，如果此时用户没有选择开启，也可以前往对应的设置界面选择开启指纹支付，一般需要验证用户的指纹/支付密码，完成后用户就可以使用指纹代替输入支付密码了。

下面演示"支付宝"和"微信支付"开启指纹支付功能的操作流程。

（1）支付宝指纹支付开启方法（版本：10.5.20）。

打开支付宝（此应用属于第三方应用，需要到应用商店自行安装），点击"我的"，点击右上角的齿轮图标，点击"支付设置"，点击"生物支付"，开启指纹支付并输入支付密码即可。如图 5.4.7 所示。

图 5.4.7　开启支付宝指纹支付功能

（2）微信指纹支付开启方法（版本：8.0.42）。

打开微信，点击"我"，点击"服务"，点击"钱包"，点击"支付设置"，找到"指纹支付"，选择"开启"，开启并输入支付密码，验证用户在手机上录入的指纹即可。如图 5.4.8 所示。

4. 设置人脸解锁

人脸解锁是一种非常便捷的解锁方式。原理是通过摄像头实时对比机主人脸数据，与事先采集好的数据，判断属于同一个人，自动解锁手机。但是这种方式也是有缺点的。比如安全性不高，容貌相近或者照片上的人脸，可能触发解锁。另外，识别速度受到环境光线以及手机的摆放角度影响，甚至是会受到机主的化妆情况或者脸部饰品（眼镜、美瞳等）的影响。

在"设置"中找到关于"指纹、人脸与密码"的选项，点击此选项进入密码的设置，跟锁屏密码设置的方式相似。

点击"人脸解锁"，需要输入"锁屏密码"才能进入设置界面，如图 5.4.9 所示。

图 5.4.8　开启微信指纹支付功能

图 5.4.9　添加人脸识别功能

看到的是添加人脸数据的页面；这里提示"请保证五官清晰可见，避免佩戴帽子、墨镜、口罩等物件，保证光线充足、避免阳光直射，以提高录入成功率"。

点击"开始添加"，会有"安全声明与提示"。因为人脸识别的安全性是低于图案密码之类的解锁方式，用户需要谨慎考虑。下面我们阅读一下全文。

"为了向您提供锁屏解锁、应用解锁等功能，需要收集您的人脸信息，该信息仅存储在本地，您可在'设置'中搜索'人脸解锁'，进入'人脸解锁-人脸数据'页删除该信息。人脸识别安全性低于图案密码、数字密码、混合密码与指纹。手机可能会被你的照片、容貌与你相近的人或外形与你相似的物品解锁。"

确认提示之后，就可以根据屏幕显示的引导信息完成人脸数据的添加。

人脸识别可以录入多个人的脸部数据（不同的系统可能不太一样，本机设备最多支持 2 个人脸数据的添加）。

值得一提的是人脸识别解锁也还有一些附加功能（不同厂商的系统会有所区别），比如可以关闭人脸识别解锁手机，可以设置人脸识别解锁成功后是否停留在锁屏界面，还可以设置智能显示锁屏通知，也可以设置在阴暗场所通过亮屏增加亮度，进行人脸识别解锁。如图 5.4.10 所示。

图 5.4.10　人脸识别功能的其他设置

5.4.2　隐私保护与 APP 的权限管理

人们的工作生活已经离不开智能手机，工作生活的方方面面，都会使用手机等电子设备。因此，在智能手机上，会留有大量机主的个人隐私信息。隐私信息的安全问题，也成了在享受科技生活的同时，不得不面临的威胁。个人隐私信息的泄露，可能会造成财产损失或者名誉损害。

本小节着重介绍隐私信息泄露的重灾区，以及保护措施。

1. 安装未知来源的 APP，造成隐私泄露

很多用户在需要安装第三方 APP 的时候，可能会从网络上下载安装应用。这是一种不安全的应用安装方式。因为网络上的 APP 良莠不齐，没有丰富的上网经验，很难区分哪些是官方正式的 APP。甚至可能会有违法犯罪分子在网络上分发非法 APP。

解决方法：用户应该在一个安全的应用商店下载自己所需的第三方 APP。

不同的手机厂商，基本都有各自的应用商店。这些应用商店的 APP 都是经过审核的。用户在指定应用商店下载 APP，可以极大程度地避免此类风险。

2023 年国家网信办公开发布了第一批 26 家应用程序分发平台名称及备案编号（http://www.cac.gov.cn/2023-09/26/c_1697385564755915.htm），如图 5.4.11 所示。

应用程序分发平台备案清单（第一批）

序号	分发平台名称	地域	主体名称	备案号
1	小米应用商店	北京市海淀区	小米科技有限责任公司	京 ISA 备 202305220002
2	小米快应用中心	北京市海淀区	北京小米移动软件有限公司	京 ISA 备 202305220003
3	三星应用商店	北京市朝阳区	北京鹏泰博兴科技有限公司	京 ISA 备 202305220004
4	联想应用商店	北京市海淀区	北京神奇工场科技有限公司	京 ISA 备 202305220005
5	360 手机助手	北京市朝阳区	北京奇虎科技有限公司	京 ISA 备 202305220012
6	百度手机助手	北京市海淀区	北京百度网讯科技有限公司	京 ISA 备 202305220014
7	百度小程序	北京市海淀区	北京百度网讯科技有限公司	京 ISA 备 202305220015
8	快手小程序开放平台	北京市海淀区	北京快手科技有限公司	京 ISA 备 202305220018
9	移动金融可信公共服务	天津市滨海新区	中互金数据科技有限公司	津 ISA 备 202305080001
10	咪咕游戏	江苏省南京市	咪咕互动娱乐有限公司	苏 ISA 备 202303200003
11	支付宝小程序技术平台	浙江省杭州市	杭州咿声信息技术有限公司	浙 ISA 备 202305100001
12	科大讯飞 AI 学习机应用中心	安徽省合肥市	安徽智慧皆成数字技术有限公司	皖 ISA 备 202305050001
13	应用宝	广东省深圳市	深圳市腾讯计算机系统有限公司	粤 ISA 备 202305180001
14	微信小程序	广东省深圳市	深圳市腾讯计算机系统有限公司	粤 ISA 备 202305180002
15	QQ 小程序	广东省深圳市	深圳市腾讯计算机系统有限公司	粤 ISA 备 202305180003
16	腾讯手机管家	广东省深圳市	深圳市腾讯计算机系统有限公司	粤 ISA 备 202305180005
17	华为应用市场	广东省深圳市	华为软件技术有限公司	粤 ISA 备 202305180007
18	华为快应用中心	广东省深圳市	华为软件技术有限公司	粤 ISA 备 202305180008
19	OPPO 软件商店	广东省东莞市	广东欢太科技有限公司	粤 ISA 备 202305180009
20	vivo 应用商店	广东省东莞市	广东天宸网络科技有限公司	粤 ISA 备 202305180010
21	vivo 快应用	广东省东莞市	广东天宸网络科技有限公司	粤 ISA 备 202305180011
22	中兴应用商店	广东省深圳市	深圳市努比亚信息技术有限公司	粤 ISA 备 202305180012
23	努比亚应用中心	广东省深圳市	深圳市努比亚信息技术有限公司	粤 ISA 备 202305180013
24	酷派应用商店	广东省深圳市	深圳市合龙科技有限公司	粤 ISA 备 202305180018
25	移动应用市场	广东省广州市	中移互联网有限公司	粤 ISA 备 202305180020
26	家教机应用商店	广东省东莞市	广东天才星网络科技有限公司	粤 ISA 备 202305180026

图 5.4.11　网信办公布的应用商店名单

使用系统自带的应用商店安装 APP，如图 5.4.12 所示：

图 5.4.12　通过自带应用商店下载 APP

2. 过度授权 APP 访问权限，造成隐私泄露

应用在使用时可能需要获取一些数据和访问权限，例如获取位置信息、相机或麦克风权限等，以便为用户提供相应的服务。

但部分应用也可能会获取过多不必要的权限，存在隐私安全和信息泄露的风险。用户可以查看各应用的权限，关闭不合理的权限。

　　打开"手机管家"，点击"隐私保护"，就能查看全部应用的行为记录。如图 5.4.13 所示。

图 5.4.13　隐私保护功能

　　用户可以查阅各个应用行为记录，了解到手机的应用是否滥用各项权限。如果用户不希望应用使用某些权限，可以点击该应用名称，进入到详细信息页面，单独拒绝权限的使用，如图 5.4.14 所示。

图 5.4.14　各项权限的设置选项

3. 经常发送原图，造成隐私泄露

　　每张手机照片中都包含一组"可交换图像文件格式"的信息，简称 Exif。这些信息相当于照片的数字身份证，可以记录数码照片的属性和拍摄数据，包括拍摄设备信息、图像分辨率、曝光情况、焦距以及拍摄地点、时间等信息。如图 5.4.15 所示。

图 5.4.15　手机照片的 Exif 信息

在小米手机系统的相册中，自带"安全分享"功能。在系统相册、文件管理器进行分享时，会提供隐私保护功能，可以对以下隐私信息进行设置，如图 5.4.16 所示。

图 5.4.16　小米手机的安全分享功能

默认抹除照片位置——拍摄时的定位记录；

默认抹除照片拍摄信息——含手机型号、拍摄参数等。

此外，在使用微信、QQ、微博等应用发送图片时，在给陌生人发送图片时，都不要发送原图。

4. 手机粘贴板功能没有清理，造成隐私泄露

复制与粘贴是非常便利的功能，人们在日常生活中经常使用。特别是有时候需要复制账号和密码，用在其他地方登录。但是这个剪贴板功能也有隐私泄露的风险。因为使用过剪贴板后，会留下剪贴记录，其中包含账户密码等隐私信息。如图 5.4.17，图中的输入法是系统自带的，具有定时自动清理剪贴板的功能。但是有部分输入法不支持这个功能，需要用户自行确认。若没有自动清理剪贴板功能，用户应当手动清理剪贴记录。

5. 建议关闭个性化广告和跟踪功能，保护隐私

个性化广告是许多手机厂商的一个盈利产品，因此很多手机在出厂的时候，就带有个性化广告推荐。为增强广告的相关性，手机会使用如下个人信息：设备信息（机型、网络情况等）；地理位置（省份、城市）；广告行为（您的广告浏览、点击行为）；应用安装激活偏好（当前及历史安装、激活的应用情况）；小米账户基础信息（如使用您注册时填写的性别、年龄）；小米应用内行为偏好（您在小米自有应用中的活动）等。

以上内容就涉及多项个人隐私。同时，手机厂商也提供了关闭个性化推荐功能的方法。

如需关闭个性化广告，可以选择在系统设置上关闭"个性化广告推荐"：以 MIUI 14 为例，请打开"设置"，依次轻点"安全""更多安全设置""广告服务"，并将"个性化广告推荐"按钮滑到"关闭"状态。值得注意的是，如果选择了关闭"个性化广告推荐"，将限制手机推送相关广告的能力，但不会减少收到的广告数量。如图 5.4.18 所示。

图 5.4.17　剪贴板的使用痕迹

图 5.4.18　关闭个性化推荐

6. 建议关闭通知栏预览，保护隐私

在手机锁定的状态下，也会收到各类通知消息，特别是有关于短信验证码之类的验证消息，还会显示在锁定的屏幕上。如果手机已经遗失了，不法分子可以通过锁屏显示的验证信息，盗取用户的个人账户，造成财产损失。因此建议关闭一些重要 APP 的锁屏通知，有多个选项可以选择。可以显示通知，但隐藏内容。这时候想要查看信息，需要解锁手机，保护个人信息安全。如图 5.4.19 和图 5.4.20 所示。

图 5.4.19　通知管理

图 5.4.20　变更锁屏通知显示规则

5.4.3　防范网络诈骗

不少不法分子利用信息技术的优势，实施网络诈骗。其花样繁多，行骗手法日新月异。常用诈骗手法数不胜数：比如诈骗分子来电话时，自称公安机关，能准确报出您的个人信息，以您涉嫌犯罪为借口让您联系办案警察，然后假的办案民警会以电话笔录、电子通缉令等各种手段增加可信度。最终会以各种借口让您转账到所谓的"安全账户"，完成诈骗。

（1）安装国家反诈中心 APP，如图 5.4.21。安装完成后，打开 APP 完成注册操作。

①打开应用，点击"快速注册"，输入手机号→获取验证码→点击"下一步"，完善账号并保存；

②继续完善信息，完成身份认证（人脸识别）；

③完成后就可以正常使用。"国家反诈中心"APP 含有三大板块："国家反诈""我要举报""报案助手"。

（2）预防网络诈骗还应确保手机和计算机上安装有最新的防病毒软件和反间谍软件，及时进行系统和软件的更新，做到不轻易进行转账、不泄露个人信息、不随意点击链接，有疑虑或困惑咨询专业人士或者报警求助等等。

图 5.4.21　安装国家反诈 APP

5.5　智能手机的维护与保养

5.5.1　手机用电常识

1. 正确给手机充电

手机均使用锂电池，无须考虑"记忆效应"，建议用户日常使用时随用随充，尽量使用原装充电器。

电池电量耗尽一定程度上会影响电池寿命，日常使用手机时建议用户及时充电。

锂电池受温度影响较大，最佳工作温度在 $10℃-35℃$ 之间，如果温度过低，可能会导致手机无法充电，续航时间受到影响；温度过高则会导致充电较慢、充不满电等情况，甚至导致手机自动关机，因此，建议用户在正常的温度环境下使用手机。

2. 不正确的充电行为

一边使用手机一边充电。有些人为了不耽误用手机，在充电状态使用手机，这种行为是非常危险的。在充电过程中使用手机，手机会发热烫手，容易烫伤。

过放过充。手机过度放电，长时间低电量使用会影响手机电池的寿命。同样，过度充电也会影响电池的寿命而且有火灾的隐患。

3. 开启超级省电模式

在手机电量过低，而且没有充电条件时，用户可以开启超级省电模式，开启超级省电模式后，手机的待机时长会延长，用户可以有更多时间寻找合适的充电设备。

以下演示小米手机的超级省电模式开启过程，如图 5.5.1 所示。

　　下拉控制中心，即可看到"超级省电"的按钮；点击此按钮，即可开启超级省电模式；长按此按钮会进入该模式的菜单选项。

　　温馨提示，超级省电模式是一种应急功能，请尽快给设备充电，以免造成手机过度放电，会对电池造成不可逆的损伤。

图 5.5.1　开启超级省电模式

5.5.2　使用应用商店及时更新应用软件

　　手机 APP 的版本不是一成不变的，需要定时保持更新，从而保证应用的漏洞得到及时的修复。及时更新重要的应用，可以使得设备更加安全。但是通过非官方渠道下载的软件可能会带来未知的风险。为了保证用户的信息、财产安全，建议用户在"应用商店"下载软件，如图 5.5.2 和图 5.5.3 所示。

图 5.5.2　应用商店

图 5.5.3　"一键升级"功能

温馨提示：手机下载软件一般需要很多流量，建议用户在连接 Wi-Fi 时进行下载。为了避免产生大量流量资费，较大的软件系统默认是无法在数据网络下进行下载的，会提示用户"数据较大，请连接 WLAN 后下载"。如果用户想避免用数据下载造成的流量损失，可以设置成"不允许"，这样手机在数据网络下不会进行下载（仅针对"下载管理"，第三方 APP 可能会集成下载功能并进行下载，请用户务必注意流量使用）。

5.5.3　及时更新系统

电子产品的更新迭代速度是比较快的。及时更新系统可以获取新的功能和好的用户体验感。同时，最新的系统版本一般会修复以往的漏洞，系统的安全性得到很大的提升。

以下是小米手机的系统更新步骤。

打开设置，选择"我的设备"，点击"MIUI 版本"，进入系统更新页面。此时，页面会自动检查更新。当然用户也可以手动点击"检查更新"，获取最新的系统版本，如图 5.5.4 所示。

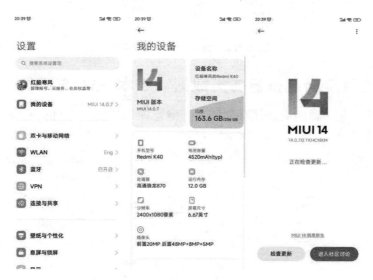

图 5.5.4　更新手机系统

5.5.4　使用清理工具整理手机存储空间

手机在使用一段时间后，会积累一定量的垃圾文件占用存储空间。此时用户可以通过手机自带的垃圾清理功能，对手机进行整理。定期清理手机垃圾文件，可以维持手机性能，也可以保护个人隐私。值得注意的是，在清理过程中，留意每一项要清理的内容，避免意外删除重要文件。

下图是使用小米手机的垃圾清理功能，一键整理手机存储空间。如图 5.5.5 所示。

设置里面搜索"清理"，即可找到"垃圾清理"功能。

跳转到"垃圾清理"页面，手机会自动检查垃圾文件，然后可以勾选需要清理的项目，完成垃圾文件清理过程。

图 5.5.5　自带的垃圾清理功能

5.5.5　使用百度云盘备份各类数据（版本：11.59.5）

网盘，实质上是一种网络在线存储服务。网盘向用户提供文件的存储、共享、访问、备份等文档管理功能。如图 5.5.6 所示。

图 5.5.6　百度云盘的各种备份功能保护数据

5.5.6　使用一键换机功能还原旧手机数据

　　手机属于电子损耗品，总会有需要更换的时候。有时候旧手机的数据很重要，需要迁移到新手机上继续使用。目前市面上的大部分手机厂商，都提供了一键换机的快捷功能。下面演示小米手机的换机方法。如图 5.5.7 所示。

图 5.5.7　小米换机 APP

　　在新旧 2 部手机安装小米换机 APP，在 APP 的初始界面，根据用户手机选择"新"或"旧"两部手机。根据指引完成数据迁移操作。

　　如果是新手机，打开"小米换机"APP，选择"新"，然后提示选择旧手机类型，最后在旧手机打开"小米换机"APP，选择"旧"，连接新手机，选择数据迁移的项目，等待完成即可。如图 5.5.8 所示。

图 5.5.8　小米换机过程

5.5.7　手机的保养（手机扬声器声波除尘功能）

在设置搜索栏，搜索"清理"，即可找到手机扬声器声波除尘功能，其原理是通过播发特殊音频，清理扬声器出音孔中的灰尘。

一次清理时间为持续的 30 秒，若扬声器音量变小、有较严重堵塞时可尝试多次使用此功能。如图 5.5.9 所示。

图 5.5.9　扬声器声波除尘功能

5.6　常用的移动互联网应用程序（APP）

5.6.1　教育学习类

1．"学习强国"（版本：2.50.0）

"学习强国"是一个网上学习平台，由中共中央宣传部主管。应用里面除了有各类最新的时事要闻，还有面向全社会的优质学习资源，包括各个专业的慕课。手机一般不预装此应用，需要到各大应用商店安装使用。

"学习强国"APP 首页，内容丰富，会根据个人的偏好准确推送合适的内容。如图 5.6.1 所示。

图 5.6.1　学习强国 APP 丰富的学习内容

2. 使用"知乎"APP 查找各类知识（版本：9.21.0）

"知乎"是一个网络问答社区，社区内聚集了许多优秀的知识内容。用户可以在"知乎"里面围绕自己感兴趣的内容进行学习和讨论，也可以找到兴趣一致的人共同讨论学习。

图 5.6.2 是知乎首页的内容展示。

使用"搜索"功能，可以检索自己感兴趣的话题或者内容，如图 5.6.3 所示。

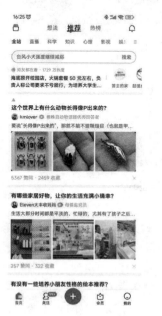

图 5.6.2　知乎 APP 首页

图 5.6.3　知乎 APP 搜索结果

3. 使用"网易公开课"APP进行学习（版本：9.9.8）

"网易公开课"是网易公司正式推出的"全球名校视频公开课"项目。公开课里面汇集清华大学、北京大学、哈佛大学、耶鲁大学等名校共数千门课程，用户可以使用"网易公开课"开拓视野看世界，获取有深度的知识。

图 5.6.4 是网易公开课的首页展示。

图 5.6.4　网易公开课 APP 的首页展示

5.6.2　工作类

1. 使用"QQ 邮箱"APP 收发电子邮件（版本：6.4.7）

"QQ 邮箱"是腾讯公司在 2002 年推出的电子邮箱产品，至今仍为超过数亿的邮箱用户提供免费和增值邮箱服务。

在电子邮箱的应用里，用户不但可以发送各类普通邮件，也可以要求系统在对方收到信件后回送通知，或阅读信件后发送回条等。一些电子邮箱还有定时发送、读信后立即回信或转发他人、多址投送（一封信同时发给多人）等功能。当然电子邮箱还有其他进阶应用，用户可以自行探索。下面介绍"QQ 邮箱"的基本使用。

安装 QQ 邮箱 APP 后，打开"QQ 邮箱"。选择自己的邮箱账号类型，按照指示登录账号即可，如图 5.6.5 所示。

图 5.6.5　QQ 邮箱添加账号

在邮箱中，可以看到有"收件箱""通讯录""记事本"等多种功能。如图 5.6.6 所示，发送邮件，点击右上角的"＋"图标，找到"写邮件"，即可进入书写邮件界面。写入收件人的邮箱地址以及邮件内容即可点击右上角的"发送"按钮完成操作。

图 5.6.6　使用 QQ 邮箱发送邮件

2. 使用"WPS Office"APP 查看编辑办公文档（版本：18.1）

在现代社会办公，工作期间难免会接触到各类的办公文档。随着智能设备的技术发展，很多电子文档都支持在手机上查看以及编辑。其中"WPS Office"就是一款免费的办公文档编辑应用，它不仅有电脑版的软件，也有手机端的 APP，非常便捷。

安装"WPS Office"APP 后，打开应用，可以进行文档创建和编辑；如图 5.6.7，点击"＋"号，即可创建需要的文档，包括文字、演示、表格、PDF 文件等。

图 5.6.7　使用"WPS Office"新建各类文档

　　在其他 APP 内打开文档编辑，这里用微信演示。在微信中点击文件，打开再点击右上角的三个点，选择"用其他应用打开"，选择"WPS Office"即可打开文档。再点击左上角的"编辑"即可进入文档编辑状态。如图 5.6.8 所示。

图 5.6.8　在微信中使用"WPS Office"打开文档

　　3. "腾讯会议"APP 办公（版本：3.19.30.455）

　　如今许多单位或者团体偏好线上会议。线上会议可以聚集世界各地的人们一起开会，非常方便。目前各类线上会议 APP 除了有基础的会议功能，还加入了许多创新功能，比如会议录制、会议笔记、语音转文字等等。下面以"腾讯会议"APP 演示线上会议的入会和创建会议操作，如图 5.6.9。

　　1) 通过会议号入会

　　(1) 打开腾讯会议 APP，点击【加入会议】，输入会议号。

（2）输入会议号以及您的名称，并设置开启/关闭摄像头和麦克风选项，点击【加入会议】即可成功入会。

（3）若设置了入会密码，则需输入正确的密码，再点击【加入】即可成功入会。

图 5.6.9　加入会议

2）创建新的会议

（1）打开腾讯会议 APP，点击【快速会议】。

（2）可以使用临时会议号，也可以使用个人会议号，同时也可以设置是否开启视频。点击进入会议即可开启会议。更多会议选项会在开启的会议室里面设置。如果用户有很重要的会议，应该提前排练一下，保证各个设备、设置、流程等处于正常状态。如图 5.6.10所示。

图 5.6.10　快速创建会议

5.6.3　购物类 APP

购物类 APP 已经成为现代消费习惯的重要组成部分。这些应用程序为人们提供了方便、快捷的途径来购买各种商品和服务，从日常用品到高端电子产品，无所不包。购物APP 改变了我们购物的方式，让购物变得更加个性化、多样化和互动化。

1. 淘宝

淘宝 APP 是中国阿里巴巴集团旗下的一个移动应用程序，是中国最大的在线购物平台之一。通过淘宝 APP，用户可以浏览、搜索、购买各种各样的商品和服务，包括服装、电子产品、家居用品、食品、化妆品、数码产品、家电、家具等等。淘宝 APP 提供了一个方便的平台，让消费者能够在手机或平板电脑上轻松购物，还可以参与拍卖、参加促销活动以及与卖家互动。以下是如何使用淘宝 APP 的一般步骤。

1）如何下载淘宝应用

（1）打开你的手机应用商店（如小米应用商店），如图 5.6.11 所示。

（2）在搜索栏中输入"淘宝"，如图 5.6.12 所示。

图 5.6.11　手机桌面中的"应用商店"

图 5.6.12　手机应用商店界面

（3）找到淘宝应用，并点击"下载"或"安装"按钮以下载并安装应用，如图 5.6.13 所示。

（4）安装完成后，在手机桌面点击手机屏幕上的淘宝应用图标以打开应用，如图 5.6.14 所示。

图 5.6.13　手机应用商店界面

图 5.6.14　手机桌面

备注：后续的 APP 下载操作基本与上述基本类似，在你的手机应用商店搜索栏输入你想要下载的 APP 名称，重复后续步骤即可下载你需要的 APP，本书后续不再详述。

2）登录或注册账户

如果你已经有淘宝账户，点击"登录"，然后输入你的手机号码和密码登录（图 5.6.15）。

如果你没有账户，点击"注册"或"免费注册"，然后按照提示填写必要信息以创建一个新账户（图 5.6.16）。

图 5.6.15　淘宝登录界面　　　　　图 5.6.16　淘宝注册界面

备注：后续的 APP 登录或注册基本与上述基本类似，本书后续不再详述。

3）浏览和搜索商品

（1）在淘宝应用的首页，可以通过顶部的搜索框输入关键词来搜索你想要的商品（图 5.6.17）。

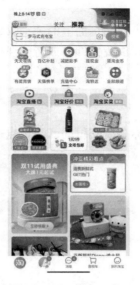

图 5.6.17　淘宝首页

（2）通过搜索相关的商品关键词进入具体的商品列表页面（图 5.6.18）。

（3）查看商品详情：点击一个商品，即可达到商品详情页面，从而查看其详细信息，包括商品图片视频、价格、卖家信息、商品描述和评价等（图 5.6.19）。

图 5.6.18　通过搜索手机进入手机关键词的商品列表页面

图 5.6.19　点击你感兴趣的商品进入商品详情页面

4）如何购买商品

（1）加入购物车。

如果你想购买一个商品，点击商品页面上的"加入购物车"按钮。购物车就如同我们去商场购买商品的小推车，用来存放我们即将或者想要购买的商品（图 5.6.20）。

（2）查看购物车。

点击购物车图标以查看你的购物车中的商品（图 5.6.21）。

（3）去结算。

如果你准备购买商品，选中你想要支付的商品，点击购物车页面上的"去结算"按钮即可进入到商品结算页面。

图 5.6.20 加入购物车

图 5.6.21 购物车页面

图 5.6.22 商品结算页面

（4）选择收货地址和支付方式。

①按照提示选择或添加收货地址（图 5.6.23、图 5.6.24）。

图 5.6.23 选择你的收货地址

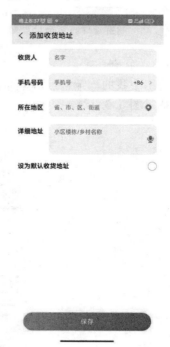

图 5.6.24 添加新的收货地址

②点击右上角"管理"，可将常用的收货地址设置为默认地址，这样下次购买商品淘宝会默认选择该地址为收货地址（图 5.6.25）。

③选择你喜欢的支付方式，并完成支付流程（图 5.6.26）。

淘宝可以使用支付宝和网上银行支付，关于移动支付的设置可以查看本章 5.6.7 小节的内容。

图 5.6.25　淘宝管理收货地址页面

图 5.6.26　商品支付页面

5）查看订单状态

在淘宝应用中我的淘宝，点击全部订单，你可以查看你的订单状态，了解订单是否已发货或已送达（图 5.6.27）。

图 5.6.27　订单列表页面

6）与卖家沟通

如果需要，你可以通过淘宝应用与卖家进行沟通，询问商品详情或物流信息（图 5.6.28、图 5.6.29）。

图 5.6.28　在商品页面点击右下角客服　　　　**图 5.6.29　进入与客服交流界面**

7）留下评价

在收到商品后，你可以在淘宝应用中留下评价，以分享你的购物体验。

图 5.6.30　订单列表页面可以追加评论

请注意：本教材使用的淘宝版本为 10.28.20。淘宝的功能和界面可能会因地区、设备型号和 APP 版本而异。因此，在使用时，建议查看应用程序内的帮助文档或设置选项，以获取最新的信息和操作指南。

2. 闲鱼

闲鱼是中国一款知名的二手交易手机应用程序。用户可以通过闲鱼 APP 发布自己不需要的物品，也可以浏览其他用户发布的二手物品，并与卖家进行交流、议价和交易。闲鱼通常提供一种方便的方式，使人们能够清理家中不需要的物品，或者以较低的价格购买二手物品，有助于可持续消费和资源再利用。

1）通过闲鱼购买商品

要在手机上使用闲鱼，请按照以下步骤进行操作。

（1）下载闲鱼应用。打开你的手机应用商店（如小米应用商店），在搜索栏中输入"闲鱼"，找到闲鱼应用，并点击"下载"或"安装"按钮以下载并安装应用。

（2）打开闲鱼应用。安装完成后，点击手机屏幕上的闲鱼应用图标以打开应用。

（3）登录或注册账户。如果你已经有闲鱼账户，点击"登录"，然后输入你的手机号码和密码登录。如果你没有账户，点击"注册"或"免费注册"，然后按照提示填写必要信息以创建一个新账户。

（4）浏览和搜索商品。在闲鱼应用的首页，你可以通过搜索框输入关键词来搜索你想要的二手商品或浏览首页上的推荐商品（图 5.6.31）。

图 5.6.31　闲鱼首页

（5）查看商品详情。点击一个商品以查看详细信息，包括价格、卖家信息、商品描述和图片（图 5.6.32、图 5.6.33）。

图 5.6.32　通过搜索手机进入手机
关键词的商品列表页面

图 5.6.33　点击你感兴趣的商品
进入商品详情页面

（6）联系卖家。如果你对某个商品感兴趣，可以点击商品页面上的"我想要"按钮，与卖家进行沟通并提出问题或议价（图 5.6.34）。

（7）下单购买。如果你决定购买某个商品，可以与卖家商议价格并达成协议：通过点击右上角"立即购买"按钮，再点击右下角"确认购买"按钮，然后放弃支付并退回到与卖家聊天界面，即可触发卖家修改价格请求。当卖家把商议好的价格修改完毕，你可重新按上述流程完成支付。如图 5.6.35 所示。

图 5.6.34　商品详情页面

图 5.6.35　商品购买页面

（8）选择支付方式。

按照提示选择你喜欢的支付方式，并完成支付流程（图5.6.36）。

闲鱼可以使用支付宝和网上银行支付，关于移动支付的设置可以查看本章5.6.7小节的内容。

（9）查看订单状态。在闲鱼应用中，你可以查看你的订单状态，了解订单是否已发货或已送达（图5.6.37）。

图 5.6.36　商品支付页面

图 5.6.37　订单状态页面

（10）评价交易。在收到商品后，你可以在闲鱼应用中评价交易，以分享你的购物体验（图5.6.38）。

图 5.6.38　订单列表页面可以追加评论

2）通过闲鱼寄卖商品

（1）创建商品列表。点击闲鱼首页的"发闲置"，然后选择要出售的商品类别，然后填写商品的详细信息。你需要提供商品的照片、标题、价格、描述、运费承担方等信息（图 5.6.39）。

（2）添加商品照片。为了提高商品吸引力，可为商品上传高质量的照片。清晰的照片有助于买家更好地了解商品的外观和状态。

（3）设置价格和运费。输入你希望出售的价格，并选择运费承担方（买家或卖家支付运费）。

（4）描述商品。在商品描述中，提供关于商品的详细信息，包括尺寸、品牌、新旧程度、缺陷等信息。越详细的描述可以帮助你吸引更多的潜在买家。

（5）选择发货方式。闲鱼支持多种交易方式，包括线上交易和线下交易。你可以选择一种适合你的方式。

（6）发布商品。在确认所有信息都填写正确后，点击"发布"按钮，将商品信息上传到闲鱼平台（图 5.6.40）。

图 5.6.39　发布闲置商品

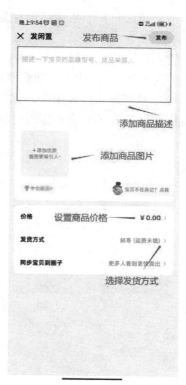

图 5.6.40　商品发布信息编辑页面

（7）等待买家联系。一旦你的商品发布成功，等待潜在买家联系你询问商品信息或提出购买请求。

（8）定价和议价。和买家商议价格，如果达成一致，就可以进一步安排交易细节。

（9）安全交易。你可以选择线上或者线下交易。线上交易时，你需要填写好在闲鱼上你邮寄商品的物流信息。线下交易时，你需要选择无需填写邮寄信息，然后与买家协商在何公共地点交易。

（10）完成交易。一旦交易完成，确保将商品交付给买家，同时要求买家确认收货。如果买家对商品不满意，可以在闲鱼上提出退货申请。

请注意：本教材使用的闲鱼版本为 7.12.70。闲鱼的功能和界面可能会因地区、设备型号和 APP 版本而异。因此，在使用时，建议查看应用程序内的帮助文档或设置选项，以获取最新的信息和操作指南。

3. 美团外卖

美团外卖是中国一家知名的在线外卖订餐平台，由美团点评公司（现在称为美团公司）运营和拥有。美团外卖允许用户通过其手机应用程序或网站点餐，并从各种餐厅、餐馆、快餐店等食品供应商中选择食物，然后将食品送到他们所指定的地址。这使用户能够在不离开家或办公室的情况下享受各种美食。

（1）下载并安装美团外卖应用。在你的手机上，前往应用商店（如小米应用商店），搜索"美团外卖"，然后下载并安装应用程序。

（2）注册或登录账户。如果你还没有美团外卖账户，需要注册一个，按照提示填写必要信息以创建一个新账户。如果已经有账户，就直接登录。

（3）设置常用配送地址。打开美团外卖应用后，首先需要设置配送地址。你可以手动输入地址或者使用 GPS 定位功能自动获取你的位置信息（图 5.6.41）。

（4）浏览餐厅和菜单。在应用中，你可以浏览附近的餐厅和菜单。你可以根据口味、菜系、价格范围等筛选选项来查找你想要的餐厅和食物（图 5.6.42）。

图 5.6.41　新建配送地址

图 5.6.42　筛选条件选项

（5）选择商品。进入餐厅页面后，浏览菜单并选择你想要的商品。你可以添加商品到购物车，并在购物车中查看订单详情（图 5.6.43）。

（6）下单和支付。确认你的订单后，点击"去结算"按钮。然后选择配送地址和支付方式，美团外卖通常支持多种支付方式，包括在线支付、现金支付等。输入支付信息并确认订单（图 5.6.44、图 5.6.45）。

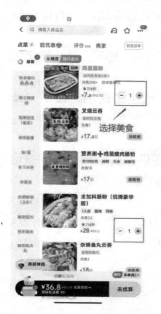

图 5.6.43　餐厅商品选择页面　　**图 5.6.44　点击右下角按钮进入商品结算页面**　　**图 5.6.45　结算页面**

（7）等待配送。一旦订单确认并支付成功，你会收到订单确认信息，包括预计的配送时间。然后，你只需等待餐食送达。

（8）接收订单。配送员将在预计的送达时间内将订单送到你的指定地址。请确保你在送达时在家，并准备好接收食物。

（9）检查订单。在接收订单之前，检查订单是否完整，商品是否正确。如果有问题，请及时联系美团外卖客服解决。

（10）享用美食。一旦你确认订单无误，就可以享用美食了。

（11）评价和反馈。在完成订单后，你可以给餐厅和配送员评分，并提供反馈意见，帮助其他用户选择餐厅和改进服务质量（图 5.6.46）。

请注意：本教材使用的美团外卖版本为 v.8.12.6。美团外卖的功能和界面可能会因地区、设备型号和 APP 版本而异。因此，在使用时，建议查看应用程序内的帮助文档或设置选项，以获取最新的信息和操作指南。

图 5.6.46　评价页面

5.6.4 社交类

社交类 APP，或称社交媒体应用程序，已经成为当今数字时代的重要组成部分。这些应用程序的出现和快速发展改变了我们与世界互动、分享信息和建立联系的方式。社交类 APP 提供了多种功能，包括社交网络、即时消息、照片和视频分享，以及专业社交。这些 APP 不仅改变了我们的社交模式，还塑造了新的文化、商业和沟通方式。下面以微信为例进行介绍。

微信是一款多功能的社交媒体应用程序，它不仅用于消息通信，还用于支付、社交网络、小程序等。

（1）下载和安装微信。在你的手机上，前往应用商店（如小米应用商场）搜索"微信"，下载并安装微信应用程序。

（2）打开微信应用。在手机桌面找到下载好的微信应用。

（3）注册账户。打开微信应用后，你可以选择注册新账户。提供你的手机号码，微信会发送验证码到你的手机。输入验证码后，设置一个密码并创建你的微信账户（图 5.6.47）。

（4）添加好友。你可以通过搜索手机号码、微信号或扫描好友的二维码来添加好友，也可以进入通讯录，允许微信访问你的通讯录，然后添加通讯录中的联系人（图 5.6.48、图 5.6.49）。

图 5.6.47　微信注册页面　　　　　图 5.6.48　步骤一　　　　　图 5.6.49　步骤二

（5）发送消息。在微信中，你可以点击底部的"微信"图标，然后选择一个好友或群组进行聊天（图 5.6.50）。在聊天界面中，你可以输入文字消息、发送图片、视频、语音消息、表情等（图 5.6.51）。

图 5.6.50　微信消息列表

图 5.6.51　聊天页面

（6）创建和加入群聊。你可以创建自己的群聊，邀请好友加入，或者加入已有的群聊（图 5.6.52、图 5.6.53）。群聊支持多人聊天和共享图片、文件等功能。

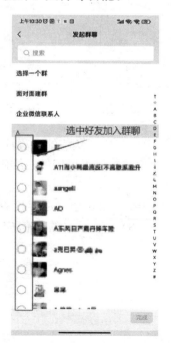

图 5.6.52　步骤一

图 5.6.53　步骤二

（7）微信支付。微信支付是一种方便的支付方式，你可以将银行卡或信用卡链接到微信钱包，用于在线支付、转账和购物。你还可以使用微信支付扫描商家的二维码来支付购物费用。关于微信支付的具体操作可以查看本章 5.6.7 小节。

（8）发现。微信的"发现"页面，包括朋友圈（类似于社交网络动态）、小程序（第三方应用程序）、看一看（文章、新闻浏览）等功能（图 5.6.54）。

（9）设置个人信息和隐私。你可以点击头像进入个人信息设置页面，编辑个人资料、头像、密码、隐私设置等（图 5.6.55）。可以自定义谁可以看到你的朋友圈、联系方式等信息（图 5.6.56）。

图 5.6.54　微信发现页面

图 5.6.55　编辑个人信息页面

图 5.6.56　隐私设置页面

（10）使用小程序。微信的小程序是一种轻量级应用程序，可以在微信中直接运行。你可以通过搜索或扫描小程序的二维码来使用各种小程序，如点外卖、购物、打车等（图 5.6.57）。

（11）管理账号和安全。定期检查账户安全，启用双重验证等安全措施以保护你的账户（图 5.6.58）。确保你的微信应用程序和操作系统保持更新，以获取最新的安全功能。

图 5.6.57　小程序页面　　　　　　图 5.6.58　账号与安全页面

请注意：本教材使用的微信版本为 8.0.42。微信的功能和界面可能会因地区、设备型号和 APP 版本而异。因此，在使用时，建议查看应用程序内的帮助文档或设置选项，以获取最新的信息和操作指南。

5.6.5　新闻资讯类

本小节以"今日头条"为例进行介绍。

今日头条是一款新闻和内容聚合应用程序，它为用户提供了各种新闻、文章、视频和互动内容。

（1）下载并安装今日头条。打开您的手机应用商店（如小米应用商店），搜索"今日头条"，然后下载并安装该应用程序。

（2）创建或登录账户。打开应用程序后，您可以选择登录或创建一个新账户。如果您已经有一个账户，请直接登录；如果您需要创建一个新账户，通常需要提供一个手机号码来接收验证码，然后设置用户名和密码（图 5.6.59）。

（3）个性化设置。一旦登录，您可以根据您的兴趣和喜好来个性化设置您的今日头条体验。您可以选择关注特定领域、话题或媒体源，以获取相关内容的推荐（图 5.6.60）。

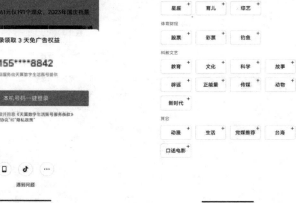

图 5.6.59　登录页面　　　　图 5.6.60　个性化设置页面

（4）浏览新闻和内容。在首页上，您将看到根据您的兴趣推荐的新闻和内容（图 5.6.61）。您可以滑动屏幕以浏览不同的新闻，点击标题以查看详细信息（图 5.6.62）。

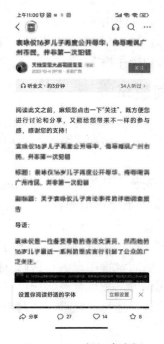

图 5.6.61　首页　　　　　图 5.6.62　新闻内容页

（5）点赞、评论和分享。如果您喜欢某篇文章或视频，您可以点赞、评论或分享给您的朋友或社交媒体上的关注者（图 5.6.63）。这样可以与其他用户互动，并传播您感兴趣的内容。

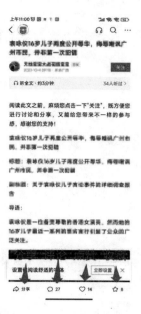

图 5.6.63　新闻内容页

（6）搜索和发现。如果您想查找特定话题或新闻，您可以使用搜索功能（图 5.6.64）。今日头条还提供了"发现"或"热榜"等特殊部分，让您浏览热门话题和趋势（图 5.6.65）。

图 5.6.64　搜索页面

图 5.6.65　热榜页面

（7）设置提醒和通知。您可以设置通知，以获取关注话题或事件的实时更新（图5.6.66）。

（8）编辑个人资料。点击您的个人头像或用户名，您可以查看并编辑个人资料（图5.6.67）。

（9）隐私和安全设置。在设置中，您可以管理隐私和安全选项，例如账户安全、社交账号绑定和个人信息管理（图5.6.68）。

图 5.6.66 通知设置页面　　图 5.6.67 个人资料编辑页面　　图 5.6.68 账号与安全页面

请注意：本教材使用的今日头条版本为9.4.9。今日头条的功能和界面可能会因地区、设备型号和APP版本而异。因此，在使用时，建议查看应用程序内的帮助文档或设置选项，以获取最新的信息和操作指南。

5.6.6 出行类

出行类APP已经在现代生活中成为不可或缺的一部分，极大地改善了我们的出行体验和日常生活。这些应用程序为人们提供了多种方式来规划、管理和享受出行，无论是在城市内通勤、旅游度假，还是进行长途旅行。

1. 高德地图

高德地图是一款广泛使用的地图和导航应用程序，它提供了导航、路线规划、实时交通信息等功能。

（1）下载并安装高德地图。打开您的手机应用商店（如小米应用商城），搜索"高德地图"，然后下载并安装该应用程序。

如果您已经安装了应用程序，请确保它是最新版本，以获取最佳的地图和导航体验。

（2）打开应用程序并授权位置信息。打开应用程序后，首次使用时，它可能会要求您授权访问您的位置信息。请确保您允许应用程序获取你手机的位置信息，以便进行导航和地图功能。

（3）搜索地点。在应用程序的主屏幕上，您可以使用搜索栏来查找特定地点、地址、景点或商家。输入关键词并点击搜索图标（图 5.6.69）。

（4）查看地图。找到您搜索的地点后，高德地图会显示该地点在地图上的位置。您可以使用手势来缩放地图、拖动地图以浏览不同区域，或点击地点标记以查看更多信息（图 5.6.70）。

图 5.6.69　高德地图首页

图 5.6.70　地点页面

（5）获取导航路线。如果您要前往某个地点，您可以点击地点标记，然后点击"路线"按钮（图 5.6.71）。您可以选择驾车、步行、骑行或公共交通等导航方式，并根据您的选择获取详细的导航路线（图 5.6.72）。

（6）实时交通信息。高德地图提供实时交通信息，可以帮助您避开交通拥堵区域。在导航模式下，应用程序将根据实时交通情况调整路线。

图 5.6.71　步骤一

图 5.6.72　步骤二

（7）收藏地点。您可以将常用地点添加到您的收藏夹，以便快速查找。在地点信息页面，会有一个"添加到收藏夹"或"收藏"选项（图 5.6.72）。

（8）设置和选项。高德地图还提供了许多其他选项，如语音导航、地图主题切换、交通图层、历史记录等。您可以根据需要自定义设置（图 5.6.73）。

图 5.6.72　收藏地点

图 5.6.73　设置页面

请注意：本教材使用的高德地图版本为 13.01.0.2042。高德地图的功能和界面可能会因地区、设备型号和 APP 版本而异。因此，在使用时，建议查看应用程序内的帮助文档或设置选项，以获取最新的信息和操作指南。

2. 滴滴出行

滴滴出行是一家提供网约车、出租车、顺风车、快车、代驾等出行服务的应用程序。

（1）下载并安装滴滴出行。打开您的手机应用商店（如小米应用商店），搜索"滴滴出行"，然后下载并安装该应用程序。

（2）注册或登录。打开应用程序后，您可以使用本机手机号码一键登录（图 5.6.74）。

（3）请求出行服务。在应用程序的主屏幕上，您可以选择您需要的出行服务，例如网约车、出租车、顺风车或代驾（图 5.6.75）。输入您的目的地地址，并查看预估价格和可用车辆（图 5.6.76）。

图 5.6.74　登录页面　　　　图 5.6.75　步骤一　　　　图 5.6.76　步骤二

（4）确认订单。选择您希望使用的出行服务后，点击"确认呼叫"按钮。

（5）等待司机接单。一旦您确认订单，附近的司机会看到您的请求，并接单（图 5.6.77）。您可以在应用程序上看到接单情况、司机的位置和预计到达时间。

（6）乘车。一旦司机接单，您可以前往出发地点，等待司机的到来。司机到达后，上车告知司机你的手机尾号，并开始您的行程。

（7）支付费用。在行程结束后，费用将自动从您的注册付款方式中扣除。

（8）评价和反馈。您可以为司机的服务提供评价和反馈，以帮助滴滴出行提供更好的体验。

（9）查看行程历史。您可以在应用程序中查看过去的行程历史和付款记录（图 5.6.78）。

（10）设置和选项。滴滴出行还提供了许多其他选项，如语音导航、优惠券、乘车券等。您可以根据需要自定义设置（图 5.6.79）。

图 5.6.77　司机接单页面

图 5.6.78　行程历史　　　　图 5.6.79　设置和选项

请注意：本书使用的滴滴出行版本为 6.6.18。滴滴出行的功能和界面可能会因地区、设备型号和 APP 版本而异。因此，在使用时，建议查看应用程序内的帮助文档或设置选项，以获取最新的信息和操作指南。

3. 携程

携程是一家提供旅行预订和旅行服务的应用程序，您可以使用它来搜索和预订酒店、机票、火车票、汽车票、旅行套餐等。

（1）下载并安装携程 APP。打开您的手机应用商店（如小米应用商店），搜索"携程"，然后下载并安装该应用程序。

（2）注册或登录。打开应用程序后，您可以选择注册一个新账户或使用当前手机号码一键登录（图 5.6.80）。

（3）搜索和浏览旅行产品。在应用程序的主屏幕上，您可以开始搜索您需要的旅行项目，例如酒店、机票、火车票、汽车票等（图 5.6.81）。输入您的目的地、入住日期和其他相关信息，然后点击搜索按钮（图 5.6.82）。

图 5.6.80　登录页面

图 5.6.82　酒店搜索页面

（4）查看搜索结果。携程将显示符合您搜索条件的旅行产品列表。您可以浏览这些产品，并点击以查看详细信息（图 5.6.83）。

（5）预订旅行产品。选择您希望预订的旅行产品，然后点击"预订"或"购买"按钮（图 5.6.84）。在预订过程中，您可能需要提供旅行者信息、支付方式和联系信息。

（6）支付费用。一旦您确认预订，费用将根据您的支付方式进行支付。您可以在应用程序中查看详细的费用明细（图 5.6.85）。

图 5.6.83　酒店搜索结果

图 5.6.84　酒店预定页面

图 5.6.85　支付页面

（7）查看订单和行程。在成功预订后，您可以在应用程序中查看您的订单和行程，包括机票、酒店预订、车票等（图5.6.86）。

（8）设置和选项。携程APP还提供了许多其他选项，如账户管理、语言设置、积分兑换等。您可以根据需要自定义设置（图5.6.87）。

图 5.6.86　订单和行程　　　　图 5.6.87　设置和选项

请注意：本教材使用的携程旅行版本为8.63.0。携程旅行的功能和界面可能会因地区、设备型号和APP版本而异。因此，在使用时，建议查看应用程序内的帮助文档或设置选项，以获取最新的信息和操作指南。

4. 铁路 12306

使用铁路12306官方APP来购买火车票、查询列车信息以及进行其他铁路服务操作是相对简单的。

（1）下载并安装铁路12306 APP。打开您的手机应用商店（如小米应用商店），搜索"铁路12306"，然后下载并安装该应用程序。如果您已经安装了应用程序，请确保它是最新版本，以获取最佳的使用体验。

（2）注册或登录账户。如果您没有铁路12306账户，您需要注册一个新账户。通常，这需要您提供手机号码并按照系统提示完成注册流程。

如果您已经有账户，可以直接使用用户名和密码登录。

（3）查询火车信息。在APP的主页面，您可以输入出发站、到达站、出发日期等信息，然后点击"查询车票"按钮，以获取列车信息（图5.6.88）。

（4）选择列车和座位。查看列车列表，选择您希望搭乘的列车（图5.6.89）。查看座位预订情况，选择合适的座位类型和位置。选择乘车人，然后点击"提交订单"按钮（图5.6.90）。

图 5.6.88　查询火车信息　　　图 5.6.89　列车和座位信息　　　图 5.6.90　确认订单页面

（5）填写旅客信息。如果第一次乘车，在填写订单信息页面，你需要添加乘车人，需要提供旅客的姓名、身份证号码和其他相关信息。并确保信息准确无误（图 5.6.91）。

图 5.6.91　添加乘车人页面

（6）支付费用。选择支付方式，并完成支付过程。铁路 12306 通常支持多种支付方式，包括支付宝、微信支付、银联卡等。

（7）获取订单确认。成功支付后，您将收到订单确认，其中包含您的订单号码和车票信息。

（8）登车和取报销凭证。在出发日，按时前往火车站，办理安检手续并用身份证直接登车即可。在出发前，您可以选择将购买的火车票取报销凭证。您可以前往火车站的自动取票机或车站窗口领取报销凭证。

（9）查询和管理订单。您可以登录铁路 12306 账户，查询和管理您的订单，包括退票、改签等操作。

请注意：本教材使用的铁路 12306 版本为 5.7.0.8。铁路 12306 的功能和界面可能会因地区、设备型号和 APP 版本而异。因此，在使用时，建议查看应用程序内的帮助文档或设置选项，以获取最新的信息和操作指南。

5. 微信位置

微信包含了与位置相关的功能，允许用户与朋友共享自己的位置或查看朋友的位置。以下是如何使用微信位置功能的一般操作。

（1）打开微信：首先，在您的手机上打开微信应用程序并登录到您的账户。

（2）进入聊天：在微信的主界面，选择与您想要分享位置的朋友或群聊的对话。

（3）打开位置共享：在聊天窗口中，点击底部的"＋"图标，这将打开一个菜单。

（4）选择"位置"：在菜单中，选择"位置"选项（图 5.6.92），这将打开位置共享功能。

（5）"发送位置"：你可以选择列表中的附近位置，或者在搜索栏中输入一个你希望发送的地点（图 5.6.93）；点击"发送"按钮，你选择的位置将被发送给您的聊天对象（图 5.6.94）。他们点击该位置，能够在地图上看到您发送的具体地点定位。

图 5.6.92　选择"位置"选项　　　图 5.6.93　选择你需要的位置　　　图 5.6.94　发送位置

（6）选择共享实时位置：你可以发起位置共享，将实时位置发送给您选择的聊天对象，当你的好友进入位置共享页面，你们可以在地图上看到双方的位置，并在地图上以实时方式更新（图 5.6.95）。

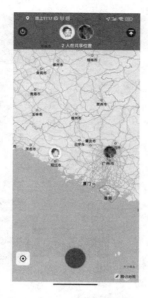

图 5.6.95　共享实时位置

5.6.7　移动支付类

移动支付类 APP 已经在全球范围内改变了人们的支付方式和金融习惯。这些应用程序提供了方便、快捷、安全的支付方式，使用户能够随时随地进行电子交易，从购物和账单支付到转账和投资，都变得更加容易。

1. 支付宝

使用支付宝是一种方便的移动支付方式，允许您进行在线支付、转账、扫码支付、理财、信用卡还款等多种金融交易。

（1）下载并安装支付宝。打开您的手机应用商店（如小米应用商店），搜索"支付宝"，然后下载并安装该应用程序。如果您已经安装了应用程序，请确保它是最新版本，以获取最佳的支付体验。

（2）注册或登录账户。打开应用程序后，如果您没有支付宝账户，您需要注册一个新账户。通常，这需要您提供手机号码并按照系统提示完成注册流程。如果您已经有账户，可以使用手机号码和密码登录。

（3）添加支付方式。在登录后，您可以在"我的"页面添加支付方式，如银行卡、支付宝余额、数字人民币等（图 5.6.96）。添加支付方式后，您可以使用它们进行在线支付和转账。

（4）进行支付。注册好支付宝后，就可以在购物或付款页面选择支付宝作为支付方式。打开首页，点击"扫一扫"，扫描商家提供的二维码进行支付（图 5.6.97）。或者打开付款码，供商家扫描，然后确认支付（图 5.6.98）。支付时，需输入支付密码或使用指纹识别/面部识别进行身份验证。

图 5.6.96　支付宝"我的"功能页面

图 5.6.97　扫码支付

图 5.6.98　收付款码

（5）转账。在首页，您可以使用支付宝来进行转账，包括向朋友和家人发送钱款或向银行账户转账（图 5.6.99）。在 APP 中选择"转账"选项，然后输入收款人信息和金额（图 5.6.100）。

图 5.6.99　步骤一

图 5.6.100　步骤二

（6）理财。支付宝还提供了理财产品，您可以将资金投入到理财产品中，获取一定的利息收益（图 5.6.101）。

（7）信用卡还款。如果您使用信用卡，可以使用支付宝来还款信用卡账单。首页选择"信用卡还款"选项，然后输入卡片信息和还款金额（图 5.6.102）。

图 5.6.101　理财　　　　　　　　　　图 5.6.102　信用卡还款

（8）查看交易记录。打开"我的"页面中"账单"选项卡，您可以在支付宝中查看您的交易记录、账单和消费明细（图 5.6.103）。

（9）设置和选项。支付宝提供了许多其他选项，如账户安全设置、支付密码设置、语言设置等。您可以根据需要自定义设置（图 5.6.104）。

图 5.6.103　账单　　　　　　　　　　图 5.6.104　设置和选项

请注意：本教材使用的支付宝版本为 10.5.28。支付宝的功能和界面可能会因地区、设备型号和 APP 版本而异。因此，在使用时，建议查看应用程序内的帮助文档或设置选项，以获取最新的信息和操作指南。

2. 微信支付

微信支付是中国境内和部分国际地区广泛使用的移动支付方式，允许您进行在线支付、转账、扫码支付、账单支付等多种金融交易。

（1）下载并安装微信。打开您的手机应用商店（如小米应用商店），搜索"微信"，并下载安装应用程序。如果您已经安装了应用程序，请确保它是最新版本，以获取最佳的微信支付体验。

（2）注册或登录账户。打开微信应用程序后，如果您没有微信账户，您需要注册一个新账户。通常，这需要您提供手机号码并按照系统提示完成注册流程。如果您已经有账户，可以使用手机号码和密码登录。

（3）绑定银行卡。在微信中，您需要绑定银行卡、信用卡或其他支付方式。进入"我的"页面，点击"服务"选项卡，"钱包"功能并选择"银行卡"中的"添加银行卡"选项。输入卡片信息，然后按照系统提示完成绑定过程（图5.6.105）。

（4）进行支付。在购物或付款页面，选择微信作为支付方式。打开微信界面右上角的"＋"，并点击扫一扫，扫描商家提供的二维码，或者打开付款码，供商家扫描，然后确认支付（图5.6.106）。支付时，输入支付密码或使用指纹识别/面部识别进行身份验证。

图 5.6.105　添加银行卡

图 5.6.106　扫一扫和收付款

（5）转账。您可以使用微信来进行转账，包括向朋友和家人发送钱款或向银行账户转账。进入收款人的微信聊天界面，点击聊天窗口下方的"＋"按钮，在弹出的菜单中选择"转账"（图5.6.107）。

（6）账单支付。您可以使用微信支付账单，如水费、电费、手机话费等。进入"服务"功能，选择"生活缴费"选项，然后选择要支付的账单类型（图 5.6.108）。

（7）查看交易记录。您可以在微信中"钱包"右上角的"账单"查看您的交易记录、账单和消费明细（图 5.6.109）。

图 5.6.107　微信转账

图 5.6.108　生活缴费

图 5.6.109　个人账单

（8）使用微信红包。

①选择红包功能。在微信聊天界面中，选择您要发送红包的聊天窗口。点击聊天窗口下方的"＋"按钮，在弹出的菜单中选择"红包"（图 5.6.110）。

②设置红包金额和留言。在红包界面，输入您要发送的金额。您可以选择普通红包或拼手气红包（随机金额）。输入您的祝福语或留言（图 5.6.111）。

图 5.6.110　步骤一

图 5.6.111　步骤二

③选择支付方式。选择支付方式，通常可以选择从微信支付余额、绑定的银行卡或者绑定的信用卡中支付。

④确认并发送。确认红包金额、留言和支付方式后，点击"塞钱进红包"或类似按钮，然后输入支付密码或使用指纹/面部识别进行验证。红包发送成功后，收件人会在聊天窗口看到通知。

⑤领取微信红包。如果您收到了微信红包，会在聊天窗口中看到一条相应的消息通知。

⑥点击领取。点击消息通知，会跳转到一个页面，显示发送人和红包金额。点击"开"或"拆红包"按钮，即可领取红包。

⑦查看余额。领取成功后，红包金额会自动加入到您的微信支付余额中。

5.6.8　居家生活类

居家生活类 APP 已经成为现代生活中不可或缺的一部分，为人们提供了便捷的方式来管理和改善他们的日常生活。这些应用程序覆盖了各种方面，从家庭管理和生活方式到健康和娱乐，使居家生活更加有序、健康和愉快。下面以米家为例进行介绍。

米家是小米推出的一款智能家居控制应用程序，它允许用户管理和控制连接到米家智能家居设备的各种功能。

（1）下载并安装米家 APP。打开您的手机应用商店（如小米应用商店），搜索"米家"，然后下载并安装该应用程序。如果您已经安装了应用程序，请确保它是最新版本，以获取最佳的智能家居体验。

（2）注册或登录账户。打开应用程序后，如果您没有小米账户，您需要注册一个新账户。通常，这需要您提供手机号码并按照系统提示完成注册流程。如果您已经有小米账户，可以使用用户名和密码登录。也可以直接使用微信授权快捷登录。

（3）添加设备。一旦登录，您可以开始添加和管理您的智能家居设备。点击 APP 主页上的"＋"上的"添加设备"按钮，然后按照设备说明将设备与您的米家账户连接。这通常涉及到扫描设备上的二维码或按照提示操作。如图 5.6.112、图 5.6.113 所示。

图 5.6.112　添加设备步骤一　　　图 5.6.113　添加设备步骤二

（4）设备管理。一旦设备添加成功，您可以在 APP 中看到它们的列表（图 5.6.114）。点击特定设备以查看设备的状态和控制选项，包括调整灯光、控制家庭安全设备、设置空调温度等。例如进入台灯设备后可调节台灯的开启、亮度、色温等参数（图 5.6.115）。

图 5.6.114　设备步列表

图 5.6.115　查看设备的状态

（5）场景和自动化。米家 APP 还允许您创建智能场景和自动化规则。您可以设置根据条件自动执行的操作，例如特定时间点或设备状态触发的操作。点击右上角"＋"号，选择创建智能选项卡即可进入创建智能场景界面（图 5.6.116）。

（6）查看设备状态。在 APP 中，您可以查看连接设备的实时状态和统计信息。这有助于您监控家庭设备的性能。例如进入空调设备界面查看空调的用电信息（图 5.6.117）。

图 5.6.116　选择场景

图 5.6.117　查看设备状态信息

（7）设置和选项。米家 APP 提供了许多其他选项，如账户管理、通知设置、家庭共享等。您可以根据需要自定义设置。

请注意以下几点。

①本教材使用的米家版本为 8.9.705.3487。米家的功能和界面可能会因地区、设备型号和 APP 版本而异。因此，在使用时，建议查看应用程序内的帮助文档或设置选项，以获取最新的信息和操作指南。

②在添加设备时，请确保您的手机和设备处于同一 Wi-Fi 网络中，以便更轻松地配置和管理设备。

③有些设备可能需要特定的配置步骤或特殊的操作。请根据设备的用户手册或相关文档执行相应的操作。

5.6.9　健康与健身管理类

健康与健身管理类 APP 已经在现代社会中发挥了巨大的作用，为个人提供了强大的工具来监测、管理和改善他们的健康和健身水平。这些应用程序覆盖了各个方面，从体育锻炼和饮食管理到睡眠追踪和心理健康支持，使人们更容易采取积极的生活方式和更好地照顾自己。

1. 小米运动健康

小米运动健康是一款小米推出的健康和运动跟踪应用程序，用于记录您的运动数据、睡眠信息、心率等健康数据。

（1）下载并安装小米运动健康 APP。打开您的手机应用商店（如小米应用商店），搜索"小米运动健康"，然后下载并安装该应用程序。如果您已经安装了应用程序，请确保它是最新版本，以获取最佳的使用体验。

（2）注册或登录账户。打开应用程序后，如果您没有小米账户，您需要注册一个新账户。通常，这需要您提供手机号码并按照系统提示完成注册流程。如果您已经有小米账户，可以使用用户名和密码登录。

（3）绑定智能健康设备。在 APP 中，您可以绑定小米智能健康设备，例如小米手环、智能手表等。按照 APP 中的指示完成设备绑定过程。在设备页面中点击"＋"中添加设备选项卡即可添加小米智能健康设备（图 5.6.118）。

（4）设置个人信息。进入 APP 后，请设置个人信息，包括身高、体重、性别等，以便 APP 更准确地跟踪您的运动和健康数据（图 5.6.119）。

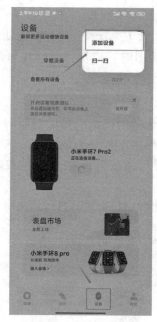
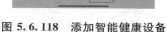

图 5.6.118　添加智能健康设备　　　　　图 5.6.119　设置个人信息

（5）开始跟踪运动。将您的智能健康设备佩戴好，例如手环或智能手表。在 APP 中的"运动"界面，您可以选择开始不同类型的运动，如步行、跑步、骑行等（图 5.6.120）。运动过程中，设备将记录您的步数、运动轨迹、心率等数据。

（6）查看运动和健康数据。在 APP 中，您可以查看您的运动和健康数据，包括步数、卡路里消耗、睡眠质量、心率等（图 5.6.121）。APP 通常提供了图表和统计信息，以帮助您更好地了解您的健康状况。

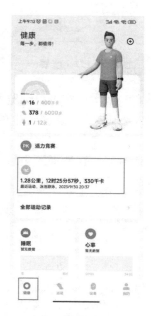

图 5.6.120　选择运动种类　　　　　　图 5.6.121　查看运动和健康数据

（7）设置和选项。小米运动健康 APP 提供了许多其他选项，如目标设定、提醒功能、通知设置等。您可以根据需要自定义设置。

请注意：本教材使用的小米运动健康版本为 3.20.1。小米运动健康的功能和界面可能会因地区、设备型号和 APP 版本而异。因此，在使用时，建议查看应用程序内的帮助文档或设置选项，以获取最新的信息和操作指南。

2. 手机预约医院挂号服务

使用手机预约挂号是一种便捷的方式，让您可以随时随地安排医疗服务的时间。以下是使用手机预约挂号的一般操作（以预约阳江市人民医院挂号为例）。

（1）打开医院预约挂号小程序。在微信中搜寻你需要的医院公众号或者小程序（图 5.6.122）。

（2）选择挂号服务。进入公众号，在公众号或小程序里面选择挂号服务（图 5.6.123）。

图 5.6.122　步骤一

图 5.6.123　步骤二

（3）选择科室和医生。您可以浏览不同的科室和医生，然后选择您希望就诊的科室和医生（图 5.6.124）。您可以查看医生的资料、可预约的时间以及就诊地点等信息（图 5.6.125）。

（4）选择就诊时间。在选择医生后，您可以查看医生的可预约时间表，选择适合您的日期和时间段（图 5.6.126）。

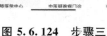

图 5.6.124　步骤三

图 5.6.125　步骤四

图 5.6.126　步骤五

（5）填写患者信息。在预约过程中，您可能需要提供患者的个人信息，包括姓名、年龄、性别等。如果你的微信已经注册了实名制，会自动导入微信的个人信息，你无需再重新提供。您可能还需要提供医疗保险信息或其他相关信息。

（6）确认预约。在填写完患者信息后，您将被要求查看并确认您的预约信息。请仔细检查日期、时间和医生信息，确保没有错误。

（7）支付预约费用。一些医院或诊所可能要求您支付一定的挂号费用，通常可以使用银行卡、微信支付等方式进行支付（图 5.6.127）。

图 5.6.127　支付页面

（8）收到确认信息。预约成功后，您将收到一封预约确认的手机短信，其中包含您的预约详情和挂号号码。

（9）前往医院或诊所就诊。在预约的日期和时间，前往医院或诊所，提前到达以完成挂号手续。在医院或诊所的前台出示您的预约号码和个人身份证明，然后等待医生就诊。

5.6.10 娱乐休闲类

娱乐休闲类 APP 是现代生活的一部分，它们为人们提供了无限的娱乐和休闲选择，从电影、音乐和游戏到阅读、社交和虚拟现实体验。这些应用程序已经改变了我们的娱乐方式，使其更加便捷、个性化和多样化。

1. 抖音

抖音是一款热门的社交媒体应用，允许用户创建、分享和观看短视频内容。

（1）下载并安装抖音 APP。打开您的手机应用商店，如小米应用商店。在搜索框中输入"抖音"，找到抖音 APP，然后点击下载并安装它。

（2）注册或登录账户。打开应用程序后，如果您没有抖音账户，您需要创建一个新账户。通常，这需要您提供手机号码，然后按照系统提示完成注册流程。如果您已经有账户，可以使用手机号码或微信、QQ 等其他授权方式登录。

（3）浏览视频。一旦登录，您将被带到抖音的首页（图 5.6.128）。在首页上，您可以看到推荐的短视频，可以上下滑动屏幕上下查看更多视频。您可以在视频下方看到视频的标题、点赞数、评论数和分享数（图 5.6.129）。

图 5.6.128　抖音首页　　　　　图 5.6.129　其他功能

（4）关注用户。您可以在首页或通过搜索功能找到感兴趣的用户，并通过点击头像下的加号关注他们（图 5.6.130）。这样，您以后可以在关注页上看到他们发布的新视频（图 5.6.131）。

（5）点赞、评论和分享。您可以点击视频右侧的爱心按钮来点赞视频，点击气泡图标来评论，以及点击分享按钮来分享视频到其他社交媒体平台。

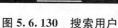

图 5.6.130　搜索用户

图 5.6.131　关注用户

（6）创作自己的视频。如果您想要创建自己的短视频，点击底部的"＋"加号按钮，然后录制或上传您的视频内容。您可以添加音乐、特效、滤镜等元素来增加趣味性（图 5.6.132）。

（7）编辑个人资料。点击底部的"我"按钮，进入您的个人资料页面。在这里，您可以编辑个人资料、修改头像、设置隐私选项、查看您的粉丝和关注者等（图 5.6.133）。

图 5.6.132　视频快拍

图 5.6.133　个人资料编辑

（8）发现更多内容。使用抖音的搜索功能，您可以查找特定主题、音乐、用户或挑战，以浏览更多感兴趣的内容。

（9）互动和社交。与其他用户互动，点赞、评论、分享他们的视频，也可以与他们私聊交流。

（10）设置和隐私。抖音提供了一系列设置和隐私选项，您可以根据自己的需求进行自定义设置，如隐私、通知、账户安全等。

请注意：本教材使用的抖音版本为27.2.0。抖音的功能和界面可能会因地区、设备型号和APP版本而异。因此，在使用时，建议查看应用程序内的帮助文档或设置选项，以获取最新的信息和操作指南。

2. 小红书

小红书是一款中国流行的社交电商应用程序，允许用户分享和发现有关时尚、美妆、旅行、美食、生活方式等主题的内容，并购买相关产品。

（1）下载并安装小红书APP。打开您的手机应用商店，如小米应用商店。在搜索框中输入"小红书"，找到小红书APP，然后点击下载并安装。

（2）注册或登录账户。打开应用程序后，如果您没有小红书账户，您需要创建一个新账户。通常，这需要您提供手机号码，然后按照系统提示完成注册流程。如果您已经有账户，可以使用手机号码或其他方式登录。

（3）个性化设置。在登录后，您可以根据自己的兴趣选择关注的主题和频道，以个性化您的小红书体验（图5.6.134）。

（4）浏览和搜索内容。在主页上，您可以浏览热门和个性化推荐的内容，也可以使用搜索功能查找特定主题、品牌、商品或用户（图5.6.135）。

（5）阅读和点赞。点击任何卡片来查看帖子的详细内容，包括文字、图片和视频。您可以点赞、评论和分享帖子，也可以关注帖子的作者（图5.6.136）。

（6）创建和分享内容。如果您想要创建自己的帖子，点击底部的加号按钮，然后选择发布文字、图片或视频帖子。您可以为帖子添加标签、描述和商品链接。

图5.6.134　个性化设置　　　图5.6.135　搜索　　　图5.6.136　点赞、收藏与评论

（7）关注和粉丝。您可以关注其他用户并获得他们的动态，也可以有自己的粉丝和关注者。与其他用户互动，点赞、评论和私信交流（图 5.6.137）。

（8）购物体验。小红书提供了购物功能，您可以在帖子中找到商品链接，点击购买并进行在线购物（图 5.6.138）。

图 5.6.137　关注用户和获取粉丝

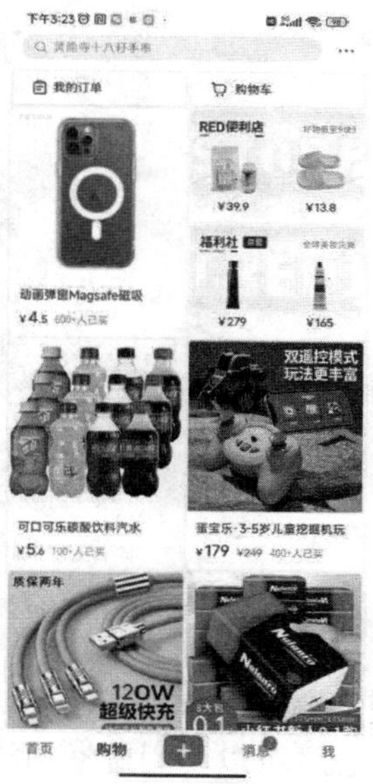

图 5.6.138　小红书商城

（9）个人资料设置。点击底部的"我的"按钮，进入您的个人资料页面。在这里，您可以编辑个人资料、上传头像、设置隐私选项和账户安全等。

请注意：本教材使用的小红书版本为 v. 8.8.1. b7071b8。小红书的功能和界面可能会因地区、设备型号和 APP 版本而异。因此，在使用时，建议查看应用程序内的帮助文档或设置选项，以获取最新的信息和操作指南。

3. 喜马拉雅

喜马拉雅（Ximalaya）是一款流行的中国音频和有声内容平台，允许用户在该平台上收听和制作各种音频节目，包括有声书、音乐、播客、广播剧等。

（1）下载并安装喜马拉雅 APP。打开您的手机应用商店，如小米应用商店。在搜索框中输入"喜马拉雅"，找到喜马拉雅 APP，然后点击下载并安装。

（2）注册或登录账户。打开应用程序后，如果您没有喜马拉雅账户，您需要创建一个新账户。通常，这需要您提供手机号码，然后按照系统提示完成注册流程。如果您已经有账户，可以使用手机号码或其他方式登录。

（3）个性化设置。在登录后，您可以根据自己的兴趣选择关注的音频内容和创作者，以个性化您的喜马拉雅体验（图 5.6.139、图 5.6.140）。

图 5.6.139　选择兴趣　　　　　　图 5.6.140　频道定制

（4）浏览和搜索内容。在主页上，您可以浏览热门、推荐和新发布的音频节目（图
5.6.141）。您也可以使用搜索功能查找特定主题、创作者或节目。喜马拉雅提供了多个分
类，如有声书、音乐、广播、听书会等，以帮助您快速找到您感兴趣的内容。

（5）收听音频节目。点击任何音频节目来播放，您可以在节目中收听音频内容（图
5.6.142）。您可以控制播放、暂停、调整音量等。

图 5.6.141　首页　　　　　　　　图 5.6.142　音频节目播放

（6）点赞和评论。您可以在音频节目下方点赞、评论和分享，与其他用户互动并分享您的意见。

（7）订阅和下载。如果您喜欢某个创作者或节目，可以点击"订阅"按钮以收听他们的新内容（图 5.6.143）。您还可以下载音频以离线收听。

（8）上传和制作音频。如果您是创作者，喜马拉雅还提供了上传和制作音频节目的功能（图 5.6.144）。您可以录制、编辑并发布您自己的音频内容。

（9）个人资料设置。点击底部的"我的"按钮，进入您的个人资料页面。在这里，您可以编辑个人资料、上传头像、查看您的订阅和历史记录等。

图 5.6.143　订阅音频节目

图 5.6.144　创作中心

请注意：本教材使用的喜马拉雅版本为 9.1.76.3。喜马拉雅的功能和界面可能会因地区、设备型号和 APP 版本而异。因此，在使用时，建议查看应用程序内的帮助文档或设置选项，以获取最新的信息和操作指南。

4. QQ 音乐

QQ 音乐是一款流行的中国音乐播放和分享应用程序，允许用户收听音乐、创建播放列表、查找歌曲和与其他用户互动。

（1）下载并安装 QQ 音乐 APP。打开您的手机应用商店，如小米应用商店。在搜索框中输入"QQ 音乐"，找到 QQ 音乐 APP，然后点击下载并安装。

（2）注册或登录账户。打开应用程序后，如果您没有 QQ 音乐账户，您需要创建一个新账户。通常，这需要您提供手机号码，然后按照系统提示完成注册流程。如果您已经有 QQ 音乐或 QQ 账户，可以使用用户名和密码登录。

（3）浏览和搜索音乐。在主页上，您可以浏览热门、推荐和新发布的音乐（图 5.6.145）。您也可以使用搜索功能查找特定歌曲、艺术家或专辑。QQ 音乐提供了多个音乐歌单分类，如流行、摇滚、电子、华语等，以帮助您找到您喜欢的音乐（图 5.6.146）。

图 5.6.145　QQ 音乐主页

图 5.6.146　歌单分类

　　（4）收听音乐。点击任何歌曲来播放音乐。您可以控制播放、暂停、调整音量等（图 5.6.147）。您还可以创建和管理播放列表，将歌曲添加到您的播放列表中（图 5.6.148）。

图 5.6.147　收听音乐

图 5.6.148　歌单列表

（5）下载音乐。QQ 音乐允许付费用户下载音乐以离线收听。您可以点击歌曲右侧的下载按钮，选择下载到手机上。

（6）点赞和分享。您可以在歌曲下方点赞、评论和分享，与其他用户互动并分享您的喜爱的歌曲。

（7）歌词显示。在播放音乐时，您可以点击歌词按钮来显示歌词，以跟唱或更好地理解歌曲。

（8）创建个人资料。点击底部的"我的"按钮，进入您的个人资料页面。在这里，您可以编辑个人资料、上传头像、查看您的播放历史记录等。

（9）付费订阅。QQ 音乐提供了付费订阅服务，允许您享受更多高级功能，如离线下载、无广告等。您可以根据自己的需求选择适合您的订阅计划。

请注意：本教材使用的 QQ 音乐版本为 12.8。QQ 音乐的功能和界面可能会因地区、设备型号和 APP 版本而异。因此，在使用时，建议查看应用程序内的帮助文档或设置选项，以获取最新的信息和操作指南。

5. 唱吧

唱吧是一款中国的手机应用，用于卡拉 OK 和音乐社交。它允许用户唱歌、录音、分享和与其他用户互动。

（1）下载并安装唱吧 APP。打开您的手机应用商店，如 APP Store 或 Google Play 商店。在搜索框中输入"唱吧"，找到唱吧 APP，然后点击下载并安装。

（2）注册或登录账户。打开应用程序后，如果您没有唱吧账户，您需要创建一个新账户。通常，这需要您提供手机号码，然后按照系统提示完成注册流程。如果您已经有账户，可以使用手机号码或其他方式登录。

（3）浏览和搜索歌曲。在主页上，您可以浏览热门、推荐和新发布的歌曲（图 5.6.149）。您也可以使用搜索功能查找特定歌曲、艺术家或歌单。

（4）唱歌。点击任何歌曲来开始唱歌。唱吧提供了伴奏和歌词，帮助您唱得更准确（图 5.6.150、图 5.6.151）。您可以使用手机的麦克风来录制您的声音，然后在播放回放时听自己的演唱。

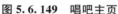

图 5.6.149　唱吧主页　　　　图 5.6.150　点歌页面　　　　图 5.6.151　歌词页面

（5）编辑和美化声音。唱吧还提供了一系列的音效和效果，您可以在录制或回放时添加和编辑，以改进您的声音表现（图 5.6.152）。

（6）分享和互动。您可以将您的演唱分享到唱吧社交平台，与其他用户互动，点赞、评论和分享他们的演唱（图 5.6.153）。

图 5.6.152　编辑音效　　　　图 5.6.153　分享和互动

（7）创建和管理歌单。您可以创建和管理您自己的歌单，将您喜欢的歌曲整理在一起，方便随时播放。

（8）赠送礼物。在唱吧社交平台上，用户可以赠送虚拟礼物给其他用户，以表达喜欢和支持（图 5.6.154）。

图 5.6.154　赠送礼物

（9）个人资料设置。点击底部的"我的"按钮，进入您的个人资料页面。在这里，您可以编辑个人资料、上传头像、查看您的粉丝和关注者等。

（10）VIP 会员。唱吧提供了 VIP 会员服务，允许您享受更多高级功能，如去广告、特权歌曲等。您可以根据自己的需求选择适合您的 VIP 会员计划。

请注意：本教材使用的唱吧版本为 11.58.4。唱吧的功能和界面可能会因地区、设备型号和 APP 版本而异。因此，在使用时，建议查看应用程序内的帮助文档或设置选项，以获取最新的信息和操作指南。

6. 欢乐斗地主

欢乐斗地主是一款非常受欢迎的扑克牌游戏，也有相应的手机应用。

（1）下载并安装欢乐斗地主 APP。打开您的手机应用商店，如小米应用商店。在搜索框中输入"欢乐斗地主"，找到相应的 APP，然后点击下载并安装。

（2）注册或登录账户。打开应用程序后，通常您需要创建一个新的游戏账户。这可能需要您提供用户名、密码以及您的手机号码等信息。如果您已经有账户，可以使用您的用户名和密码登录。

（3）选择游戏模式。在登录后，您可以选择不同的游戏模式，如经典斗地主、欢乐斗地主等（图 5.6.155）。

图 5.6.155　步骤一

（4）加入游戏。您可以选择加入一个已有的游戏房间，或者创建一个新的游戏房间，邀请朋友一起玩。游戏通常有三个玩家，其中一个扮演地主，其他两个是农民。

（5）玩游戏。游戏开始后，您将获得一手牌。您可以依次出牌，目标是尽快出完您的手牌并赢得游戏。欢乐斗地主通常遵循扑克牌的规则，如单牌、对子、三张、炸弹等。地主的目标是赢得游戏并保持地主地位（图5.6.156）。

图5.6.156　步骤二

（6）与其他玩家互动。您可以与其他玩家互动，发送聊天消息，使用表情符号等。游戏通常具有内置的聊天功能，让玩家可以交流（图5.6.157）。

图5.6.157　步骤三

（7）结束游戏。游戏将在有一名玩家出完手牌后结束。游戏结果会显示获胜的玩家和分数（图5.6.158）。

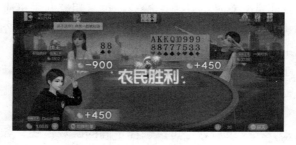

图5.6.158　步骤四

（8）再次游戏。如果您想再次玩游戏，可以选择加入一个新游戏房间或者创建一个新的游戏房间。

请注意：本教材使用的版本为11.58.4。的功能和界面可能会因地区、设备型号和APP版本而异。因此，在使用时，建议查看应用程序内的帮助文档或设置选项，以获取最新的信息和操作指南。

第6章　实用信息技术的场景应用案例

6.1　应用场景

赵老师是一位退休男教师，长住在广东一个宁静而美丽的滨海小城，最近他筹划暑假去首都北京旅游的事宜，拟了一份借助信息技术特别是移动信息技术畅游北京的旅游攻略，旨在亲身体验一下一部手机游天下的经历，享受现代信息技术给人民日常生活带来的便利、快捷和高效。

6.2　旅游前的准备

赵老师认为，很多时候旅游并不是一个说走就走的事儿，特别是多人结伴出游，必须做好计划，要从时间、物质、心理等方面做好充分准备，谋定而后动，方能收获一个愉快而充实的旅行。

在这次旅行当中，现代信息技术特别是移动信息技术将唱主角，每一步的计划与执行都离不开手机的帮助。所以在计划开始之前赵老师先把这些技术手段都准备好，把需要用到的 APP 全部下载、安装、注册好以备用。因为老年人的手机一般性能不会太好，所以在安装这些 APP 之前要适当整理手机，腾出手机的部分内存，以便安装更多的 APP。下载这些 APP 需要一定的流量，为避免产生额外不必要的费用，建议在连接好 Wi-Fi 的网络环境下下载安装这些必备的 APP。

1. 连接 Wi-Fi

为避免产生额外不必要的流量费用，在保证信息安全的条件下，尽量使用 Wi-Fi 上网。手指从手机的右上边下滑打开控制中心，长按 Wi-Fi 图标如图 6.2.1 所示，进入到 Wi-Fi 连接设置，如图 6.2.2 所示，选择安全的 Wi-Fi 名称，输入密码，即可连接成功，Wi-Fi 的详细设置可参阅 5.2.1。

图 6.2.1　控制中心 Wi-Fi 图标　　　　图 6.2.2　Wi-Fi 连接设置

2. 整理手机内存空间

手机经过日积月累的使用，内存空间会越来紧张，赵老师把一些重要的数据文件、相片等备份起来，把一些不常用的 APP 卸载，如图 6.2.3 所示，详细操作可参阅 5.1.7，把一些文件碎片清理优化，以腾出更多空间安装这次旅游所需的 APP。

可供使用的 APP 如下。

● 数据备份类 APP：如百度网盘、阿里云盘、腾讯微云等，确保重要数据安全可靠，随时随地可以查看和使用，如图 6.2.4 所示，详细操作可参阅 5.5.5。

● 清理优化类 APP：如手机管家、存储空间清理等，帮助清理手机中不必要的文件和应用，释放存储空间并保持良好的使用体验，如图 6.1.5 所示，详细操作可参阅 5.5.4。

图 6.2.3　卸载 APP　　　　图 6.2.4　百度网盘　　　　图 6.2.5　存储空间清理

3. 下载安装必备应用程序（APP）

主流的 APP 都可以在手机的应用市场上查找、下载、安装，如图 6.2.6 所示，详细操作可参阅 5.1.7。赵老师安装了表 6.1.1 中的旅游出行必备 APP。

图 6.2.6　APP 的查找下载安装

表 6.2.1　旅游出行必备 APP

序号	分类	APP/工具名称	作用
1	地图导航类 APP	百度地图、高德地图	提供实时的导航和交通信息，帮助你规划最佳路线
2	旅游信息查询 APP	美团、大众点评、携程	查找景点信息、住宿、餐厅推荐和旅游攻略
3	社交媒体 APP	微信、微博、QQ、小红书	不仅可以方便地与家人和朋友保持联系，还可以通过分享照片和视频记录你的旅行经历
4	听书和学习类 APP	喜马拉雅、荔枝、微信读书	让你在旅途中不断学习和充实自己
5	健康管理类 APP	Keep、薄荷健康	可以帮助你合理安排饮食和健身计划，保持良好的身心状态
6	相机类 APP	美颜相机、轻颜相机	让你轻松拍出令人惊艳的照片和视频
7	音乐和视频类 APP	网易云音乐、腾讯视频、抖音	提供丰富的娱乐内容，让你在旅途中放松身心
8	日记和写作类 APP	Day One、印象笔记	帮助你记录旅行中的点滴回忆和学习心得
9	照片整理类 APP	时光相册、Google Photos	可以帮助你快速整理和备份照片，并支持多种智能分类方式

序号	分类	APP/工具名称	作用
10	视频剪辑类 APP	快影、剪映	让你轻松剪辑旅行视频，添加特效和音乐，制作出精彩的短片
11	文字编辑类 APP	WPS Office、Microsoft Word	方便你撰写旅行攻略或游记，并分享到社交媒体或云端存储
12	清理优化类 APP	手机管家、存储空间清理	帮助你清理手机中不必要的文件和应用，释放存储空间并保持良好的使用体验
13	数据备份类 APP	百度网盘、腾讯微云、阿里云盘	确保你的重要数据安全可靠，随时随地可以查看和使用
14	手绘和涂鸦类 APP	SketchBook、Procreate	让你在旅途中发挥创意，轻松绘制美丽的风景和人物
15	交通类 APP	铁路 12306、滴滴出行	票务，交通出行

4. APP 用户注册

安装 APP 后，在正常使用之前，一般需要注册，现在大多注册过程已经简化，通常使用本人手机号码及其短信验证码即可快速注册成功，当然在一些涉及金融方面的注册可能稍微复杂一点，需要实名认证和人脸识别。因为注册过程大同小异，在此以注册携程应用程序为例做一个统一注册过程，可作为其他 APP 的注册参考。

（1）打开携程，并点击右下角的"我的"，如图 6.2.7a 所示。

（2）点击左上角"登陆/注册"，如图 6.2.7b 所示。

（3）点击"其他登陆方式"，如图 6.2.7c 所示。

图 6.2.7a　注册步骤 1

图 6.2.7b　注册步骤 2

图 6.2.7c　注册步骤 3

（4）在手机验证码登录界面，点击右上角的"注册"，如图 6.2.7d 所示。

（5）输入本机手机号，勾选下面的协议同意书，然后点击"获取验证码"，完成拼图验证，如图 6.2.7e、6.2.7f 所示。

（6）稍等片刻，输入短信验证码，点击下一步，即可完成注册，成为携程的会员，如图 6.2.7g、6.2.7h 所示。

图 6.2.7d　注册步骤 4

图 6.2.7e　注册步骤 5

图 6.2.7f　注册步骤 6

图 6.2.7g　注册步骤 7

图 6.2.7h　注册步骤 8

5. 了解当地文化

在出发前，赵老师使用电脑版的百度搜索了解北京的历史、文化和旅游景点等，如图 6.2.8 所示，又通过手机上的小红书或抖音应用程序了解北京的文化和风俗习惯，如图 6.2.9 所示，小红书和抖音的详细的使用可参阅 5.6.10。这些应用不仅提供了大量的旅游视频和图片，还分享了当地的历史和文化背景。通过这些准备，赵老师对北京有了更全面的了解。

图 6.2.8　电脑版百度搜索北京旅游信息　　　图 6.2.9　小红书搜索北京旅游信息

6. 制定旅游计划

赵老师使用手机上的穷游、马蜂窝等旅游攻略 APP，根据个人兴趣和预算制定旅游计划，包括每日的行程、交通方式、住宿和餐饮等。又在小红书上查找北京旅游攻略，参考其他游客的旅行经验，制定详细的行程计划。然后用文字处理工具 Word 编辑这份旅游计划，并打印出来放进行囊，以备查阅，如图 6.2.10 所示。

图 6.2.10　使用 word 制定旅游攻略

7. 预定交通票务与住宿

赵老师通过手机上的铁路 12306 或去哪儿应用程序，查询并预定了前往北京的高铁票或飞机票，如图 6.2.11、图 6.2.12 所示，铁路 12306 的详细使用方法请参阅 5.6.6，使用携程、飞猪等 APP 预订住宿，尽量提前预订以便选择合适的航班和酒店/民宿，如图 6.2.13 所示，携程的详细使用方法请参阅 5.6.6。同时比较不同平台的优惠活动，选择性价比更高的预订方案。

图 6.2.11　铁路系统的高铁票

图 6.2.12　飞机票

图 6.2.13　携程订住宿

8. 准备必备物品与资金

赵老师在拼多多上购买了一些常用药品，如感冒药、止痛药、创可贴等，同时，为了应对可能的突发状况，他也在拼多多上购买了一些紧急联系卡，以备不时之需。还可以根据自身需要在拼多多、京东、淘宝等电商平台上购买旅行必备物品，如手机充电器、移动电源、相机、洗漱用品、护肤品等，如图 6.2.14 所示，淘宝、京东、拼多多的详细使用方法可参阅 5.6.3。

我国移动支付冠绝全球，为保证能使用的金额与这次旅游的预算匹配，需要提前在微信或支付宝上绑定各种银行卡，以免影响使用，如图 6.2.15 所示。移动支付的详细使用方法请参阅 5.6.7。

图 6.2.14　拼多多购物

图 6.2.15　微信移动支付绑定银行卡

6.3　旅途的衣食住行

旅游是要到一个相对陌生的地方生活一段时间的，衣食住行都要考虑到，现代信息技术将为旅行出差带来惊喜和便利。

1. 闹钟的使用

赵老师使用手机上的闹钟应用设置了每日的提醒，提高执行力，保证了旅游计划的顺利进行，例如，设置每天早上 7 点出发前往火车站或机场的闹钟，以确保他不会错过任何交通工具。此外，他还了设置到达目的地的时间提醒，以便于安排当天的行程，如图 6.3.1 所示，闹钟的详细使用方法请参阅 5.3.1。

2. 查询当地天气

赵老师通过手机上的天气预报应用查询了北京当地的天气信息。这样提前了解每日的天气情况并做好相应的衣物和出行准备，如图 6.3.2 所示，天气预报的详细使用方法请查阅 5.3.3。

图 6.3.1　设置行程闹钟

图 6.3.2　查看北京天气状况

3. 位置共享＋位置发送

赵老师通过微信的位置共享功能，让家人或朋友知道他的实时位置信息，让家人朋友放心，进入该功能界面后，双方的位置都会出现在地图上，方便寻找对方。这种功能特别适用于一些特殊情况下的定位和快速找人，如图 6.3.3 所示。

发送位置功能则是将用户当前的位置信息发送给对方。相比之下，这种功能更加直接和简单。用户只需进入微信聊天界面，点击"＋"按钮，然后选择"位置"，再选择"发送位置"，微信会自动进行定位并发送位置信息，如图 6.3.4 所示。这种功能对于需要快速告知对方具体位置的情况非常适用，例如当用户需要向朋友描述自己当前的地点或路线时，如图 6.3.5 所示。

图6.3.3　微信位置共享

图6.3.4　位置共享与位置发送

图 6.3.5 发送位置

4. 导航指引

在北京旅游期间，赵老师随时打开手机上的百度地图或高德地图应用进行实时导航。这些应用提供了详细的地图信息、交通状况和公共交通方式，帮助他顺利地到达目的地，如图 6.3.6 所示，导航的详细使用方法请查阅 5.6.6。

5. 交通工具

赵老师在短途交通使用滴滴出行、美团打车等叫车软件预约出租车或网约车，方便快捷。也可以在携程旅行 APP 上预订机场巴士或长途汽车票，如图 6.3.7 所示，网约车的详细使用方法请查阅 5.6.6。

图 6.3.6　百度地图导航交通方式　　　　图 6.3.7　滴滴出行网约车

6. 餐饮

在饮食方面，赵老师在美团、大众点评等 APP 上查找当地的特色餐厅和小吃，通过小红书了解当地的美食推荐。同时查看餐厅的评分和评价，以便选择合适的餐厅。例如可以尝试北京的烤鸭、炸酱面、豆汁焦圈等特色美食，如图 6.3.8 所示，美团的详细使用方法请查阅 5.6.3。

7. 游玩

赵老师在游玩景点时候使用百度地图、高德地图等导航 APP 查找景点位置和使用公共交通工具前往，在携程、飞猪等平台上购买景点门票。同时在马蜂窝上查看景点的介绍和游客的评价，以便更好地了解景点的情况，有的景点需提前在其公众号预约。北京的著名景点有天安门广场、故宫、颐和园、长城等，可以合理安排时间逐一游览，如图 6.3.9 所示

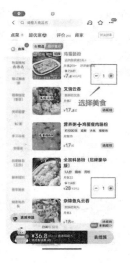

图 6.3.8　美团美食　　　　图 6.3.9　国家博物馆公众号预约

8. 旅途中的娱乐：听音乐、看视频、看新闻

在北京旅游期间，赵老师有时在等待交通工具时打开手机上的酷狗音乐或网易云音乐应用来听音乐、观看腾讯视频或者今日头条上的短视频新闻或者阅读文章，这样可以在放松的同时充实自己的知识储备，如图 6.3.10 所示，今日头条的详细使用方法请查阅 5.6.5。

9. 旅途听书学习

赵老师热爱学习新知识，他经常在喜马拉雅或荔枝等音频平台上收听各种书籍和知识讲座。在旅途中，他使用微信读书选择听一些与旅行目的地相关的书籍或者自己感兴趣的主题内容，这样不仅可以丰富自己的知识储备还能在放松心情的同时拓宽视野，如图 6.3.11 所示，喜马拉雅的详细使用方法请查阅 5.6.10。

图 6.3.10　今日头条新闻资讯

图 6.3.11　喜马拉雅

10. 改善睡眠质量的 APP

为了保持良好的睡眠质量，赵老师在睡前使用一些专门的 APP 来帮助自己进入深度睡眠状态，如好眠、顶空等等。这些 APP 通常会播放一些轻柔的音乐或者自然的声音来营造一个安静舒适的环境氛围促进睡眠质量提高，如图 6.3.12 所示。

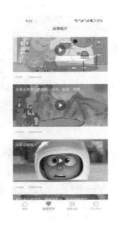

图 6.3.12　好眠 APP

11. 拍照留念

赵老师喜欢拍照记录下旅途中的美景和趣事。他使用手机上的相机应用拍下照片和视频留作纪念。这些照片和视频可以随时分享给家人和朋友，或者在社交媒体上与大家分享他的旅行经历，相机的使用方法请查阅 5.3.11。

12. 处理旅行照片

赵老师使用手机上的照片编辑应用对旅行照片进行处理和编辑，如剪映 APP、美图秀秀，可以通过调整照片的亮度、对比度、色彩等参数，或者添加滤镜效果来让照片更加美观，再将处理好的照片保存到手机相册中或者分享到社交媒体上与他人分享。如图 6.3.13 所示。

13. 旅行日志记录

赵老师习惯于记录旅行日志来回忆和分享他的旅行经历。他使用手机上的日记应用写下旅行中的所见所闻、感受和经历，如马蜂窝、小红书等 APP，这些日志可以以文字、图片或视频的形式记录下来，并存储在云端或手机上方便随时查看和编辑，如图 6.3.14 所示。

图 6.3.13　剪映 APP

图 6.3.14　马蜂窝 APP 写游记

6.4　旅游后的总结

1. 回忆与总结

赵老师在旅行结束后，通过日记应用回顾整个旅行过程，他对旅行的亮点、感受、学习到的新知识等进行总结，帮助自己更好地吸收这次旅行的体验，如马蜂窝、小红书、抖音等 APP。

2. 整理照片和视频

赵老师把旅行中拍摄的照片和视频进行整理，筛选出自己喜欢的作品，并上传到社交媒体或云端相册中分享给家人和朋友，可使用功能更强大与便捷的电脑版图像和视频处理软件，如图 6.3.15 所示。同时，他也把一些特别的照片或视频制作成电子相册或短片，留作纪念。将旅游照片和心得分享到微信朋友圈、QQ 空间等社交平台上，与朋友分享你的旅行故事。又在抖音上发布旅游短视频，吸引更多的人关注你的旅行经历，如图 6.3.16 所示。

图 6.3.15　图像和视频处理软件　　　　图 6.3.16　分享到微信朋友圈

3. 写旅行攻略或游记

赵老师热爱分享，他在旅行结束后写一些旅行攻略或游记，通过携程、小红书等 APP 分享给其他人。这些攻略和游记会详细介绍旅行的准备、行程安排、交通方式、餐饮推荐等，帮助其他人更好地了解和规划他们的旅行，参照前述，在此不再赘述。

4. 统计旅游费用

我国消费现在绝大多数使用移动支付，赵老师通过整理微信支付和支付宝支付里面的账单，统计出了这次旅行所有的费用，分析支出情况，跟预算比对，精打细算为下一次愉快旅行总结经验与吸取教训，如图 6.3.17、图 6.3.18 所示。

图 6.3.17　微信账单

图 6.3.18　支付宝账单

5. 清理和优化手机

在旅行结束后，赵老师清理了手机中不需要不常用的文件、应用和缓存，释放存储空间。同时，他优化手机的设置，如关闭不必要的通知、调整屏幕亮度等，以保持良好的手机使用体验，使用方法参阅前面所述的"旅游前准备"，不再赘述。

6. 备份重要数据

为了防止数据丢失，赵老师备份手机中的重要数据，如照片、联系人、日程等，到云端或电脑上。这样即使手机出现问题或丢失，他可以轻松地恢复这些数据，使用方法参阅前面所述的"旅游前准备"，不再赘述。

6.5　案例结语

赵老师"一部手机游天下"的奇妙之旅圆满结束了，以手机 APP 为主要代表的信息技术在赵老师的旅游中发挥了重要的作用，手机点亮了旅途，提供了方便的信息查询、导航、社交互动、娱乐和学习等功能，同时也帮助他更好地管理和优化自己的旅行体验，完美展现了"手机在手，天下我有"的魅力。

第 7 章　信息行为的道德规范与法律风险

随着信息技术的迅猛发展，人们的生活离不开网络，尤其是随着微信等社交软件的普及以及小红书、抖音等短视频平台的发展，信息技术的使用者更是不断增加，人们的生活方式也发生了翻天覆地的变化。网络不是法外之地，任何人都不能利用计算机信息网络实施违法犯罪行为，不管是计算机专业技术人员，还是互联网的用户，都需要在使用信息技术的过程中，恪守计算机伦理，遵守道德规范，遵守法律法规。

合格的计算机专业技术人员，首先应遵守一般的职业伦理道德，包括爱岗敬业，尽职尽责，诚实守信，服务群众，奉献社会等，同时，作为拥有专业技术的信息技术从业人员，还需要遵守比一般职业的从业者更高的法律职业道德。而一个合格的网民，需要在使用信息技术的过程中遵守一般的道德规范，遵守法律规定。

7.1　信息技术从业人员的职业道德

道德，是社会意识形态之一，是人们共同生活及其行为的准则和规范。道德一般通过社会的或一定阶级的舆论对人的行为起约束作用。传统的道德伦理在熟人社会、在线下社会关系中能更好地发挥作用，为了维护自身的他人眼里的良好形象，人们会自觉地按照道德规则约束自己的行为。社会经济的发展让社会的流动性加强，信息技术的发展让传统的社会关系向网络延伸。开放的网络改变了人们的生活，人们在网络上查询信息、通讯社交、购物游戏，这些深刻地改变了社会以及社会中的伦理关系，人人都可能是媒体，人人都可能是传播者，人人都可能进入公众视野，接受网民的审视与批评，而随之而至的是网络欺诈、虚假炒作、诋毁诽谤等负面影响。互联网的发展及应用对传统伦理产生了冲击，各种社会矛盾也随之而来，亟须解决。

7.1.1　信息技术从业人员的职业道德规范

职业道德是所有从业人员在职业活动中应该遵循的行为准则，涵盖了从业人员与服务对象、职业与职工、职业与职业之间的关系。信息技术从业人员的职业道德规范包括基本的道德规则和特殊的职业责任。

1. 基本的职业道德规则

中共中央 2001 年 9 月 20 日印发实施了《公民道德建设实施纲要》，该文件提出了职业道德的主要内容是：爱岗敬业、诚实守信、办事公道、服务群众、奉献社会。这是一般的职业道德要求，也是信息技术从业的人员要遵守的基本道德规则。

爱岗敬业：爱岗敬业是一种对待职业的基本态度，是对职业行为准则的价值评价，"爱岗"就是要热爱自己的工作岗位，热爱本职工作。"敬业"就是要忠于职守，克己奉公，兢兢业业，尽职尽责。爱岗敬业要求从业人员以强烈的事业心和责任感从事工作。

诚实守信：诚实守信是做人做事的基本准则，是社会健康发展的重要保障。"诚实"要求从业人员在职业行为中要言行一致，不欺不诈，做老实人，说老实话，办老实事。"守信"要求从业人员要讲信用，讲信誉，信守承诺，忠实于自己承担的义务，言出必行。

办事公道："公道"，即公正的道理，办事公道是以公正、真理、正直为中心思想办事，指职业人员在进行职业活动时要站在公正的立场上，对当事双方公平合理、不偏不倚，要做到支持真理、公私分明、公平公正、光明磊落。

服务群众：指职业人员在从事职业活动的时候，要心怀群众，尊重群众，树立服务群众的观念，真心对待群众、继续发扬中国共产党"从群众中来，到群众中去"的群众路线，服务人民，服务社会。

奉献社会：所谓奉献社会，就是全心全意为社会做贡献，是为人民服务精神的最高体现。"奉献"就是不求回报和酬劳，而愿意为他人、为社会或为真理、为正义献出自己的力量，奉献社会的精神主要强调的是一种忘我的全身心投入精神。

2. 特殊的职业责任

信息技术从业人员掌握专业技术，"能力越大，责任越大"，信息技术行业的技术性特点决定了信息技术的从业人员应遵守更严格的职业道德规范。

由美国电气和电子工程师协会（Institute of Electrical and Electronics Engineers, IEEE)[①]、美国计算机协会（Association for Computing Machinery，ACM）等机构组成的世界知名的计算机道德规范组织曾专门针对信息技术从业人员制订过一个规范，根据此项规范，计算机职业从业人员职业道德的核心原则主要有以下两项：

原则一：信息技术从业人员应当以公众利益为最高目标。这一原则可以解释为以下八点：（1）对工作承担完全的责任；（2）用公益目标节制雇主、客户和用户的利益；（3）批准软件，应在确信软件是安全的、符合规格说明的、经过合适测试的、不会降低生活品质、影响隐私权或有害环境的条件之下，一切工作以大众利益为前提；（4）当他们有理由相信有关的软件和文档可以对用户、公众或环境造成任何实际或潜在的危害时，向适当的人或当局揭露；（5）通过合作全力解决由于软件及其安装、维护、支持或文档引起的社会严重关切的各种事项；（6）在所有有关软件、文档、方法和工具的申述中，特别是与公众相关的，力求正直，避免欺骗；（7）认真考虑诸如体力残疾、资源分配、经济缺陷和其他可能影响使用软件益处的各种因素；（8）应致力于将自己的专业技能用于公益事业和公共教育的发展。

原则二：客户和雇主在保持与公众利益一致的原则下，信息技术从业人员应注意满足客户和雇主的最高利益。这一原则可以解释为以下九点：（1）在其胜任的领域提供服务，对其经验和教育方面的不足应持诚实和坦率的态度；（2）不明知故犯使用非法或非合理渠

① 美国电气和电子工程师协会是一个国际性的电子技术与信息科学工程师的协会，是被国际标准化组织授权为可以指定标准的组织。

道获得的软件；（3）在客户或雇主知晓和同意的情况下，只在适当准许的范围内使用客户或雇主的资产；（4）保证他们遵循的文档按要求经过某一人授权批准；（5）只要工作中所接触的机密文件不违背公众利益和法律，对这些文件所记载的信息须严格保密；（6）根据其判断，如果一个项目有可能失败，或者费用过高，违反知识产权法规，或者存在问题，应立即确认、进行文档记录、收集证据和报告客户或雇主；（7）当他们知道软件或文档有涉及到社会关切的明显问题时，应确认、进行文档记录和报告给雇主或客户；（8）不接受不利于为他们雇主工作的外部工作；（9）不提倡与雇主或客户发生利益冲突，除非出于符合更高道德规范的考虑，在后者情况下，应通报雇主或另一位涉及这一道德规范的适当的当事人。

7.1.2　网民的网络道德

互联网时代，网民的身份是以数字化的信息体现的，网络社会刚开始的时候，网民之间互不相见，隐匿性的特征非常明显。漫画家彼得·施泰纳 1993 年在美国杂志《纽约客》上发表了"在互联网上，没有人知道你是一条狗"的漫画，形象生动地体现了互联网个人身份的隐匿性。"当人们认为别人永远不会知道你是谁的时候，网上行为就会肆无忌惮"，因此在网络普及的初期，许多网民随意在网上发泄负面情绪，发表不负责任的话语，说平时不敢说的话，做平时不敢做的事，如此，人们一度认为隐匿性的互联网社会导致不道德行为增多，社会整体道德水准滑坡倒退。

但是，随着信息技术以及网络社会的不断发展进步，网络与现实不断相互渗透，相互延伸，熟悉的人常会共同设立一个网络社区，进入同一个社交群；一些公众人物为了吸引粉丝会实名注册社交账号分享日常，确定的 IP 地址也让网民身份的隐匿性特点逐渐变得不明显。人们逐渐发现，网络身份与现实身份不能完全割裂，网络上的公共论坛、游戏等虚拟社区的成就一样能带来个人现实的荣誉感和自我价值的满足，网络上对他人的恶意攻击、污蔑造谣等行为一样能给受害者造成恶劣的现实影响。虽然网络空间是虚拟的，但是虚拟的空间一样是为了满足人们的需求而产生的，为人们的衣食住行服务的，网络空间只是人们现实空间的延伸。于是，网络上的行为人开始自觉或不自觉地按照原有的社会规则去约束自己的行为和评价他人，对于普通网民而言，现实的社会中的爱国守法、明礼诚信、团结友善等道德规则同样适用于网络社会。

7.2　网络违法行为

法律是最低限度的道德，守法是网络行为最基础的道德要求，而利用信息技术网络实施的法律法规，危害社会秩序、侵犯他人合法权益的行为，属于网络违法行为。网络社会是现实社会的延伸，因此网络不是法外之地，任何人不得利用信息技术、利用网络侵犯他人的合法权益，下面列举几种常见的利用信息网络实施的违法行为。

7.2.1　网络暴力

网络暴力是指在网络上对他人发布带有歧视性、诽谤性、谩骂性、侮辱性的恶意评价和恶意中伤等不良言论的行为，网络暴力行为是现实暴力行为在网络上的延伸。近些年，网络暴力事件层出不穷，在任意一个搜索引擎输入"网络暴力"，就可以弹出几百万条的触目信息。

实施网络暴力的网民在网上针对网络事件的当事人，质疑当事人的动机，虚构事实，发表具有伤害性、侮辱性或者煽动性的攻击言论，侵犯当事人的名誉、荣誉权。常伴随着在网上开展"人肉搜索"，公开当事人的住址、工作单位、身份信息、亲属信息等现实生活中的个人隐私，侵犯当事人的隐私权，进而对当事人及其亲友的正常生活进行行动和言论侵扰，致使其人身权利受损。

网暴行为的社会危害性是非常严重的，它危害了网络安全，破坏了公众的安全感，给被网暴者带来极大的伤害，轻者影响工作生活，重者会引发抑郁症、精神病等疾病，甚至自杀。如2018年，四川德阳一个女医生因在泳池里与一13岁男孩发生冲突，男孩父母将事情掐头去尾发布在网上，引来大量网民对女医生进行网络攻击，最后女医生服药自尽。2021年12月，15岁的少年刘某某在网上发布了寻亲信息，被网民恶意攻击，诬陷，最终刘某某无法承受压力，留下遗书后服药自尽。

7.2.2　网络谣言

谣言是指没有事实根据被捏造出来并传播的传闻，是对人、对事、对社会事件的一种不确切信息的传播。谣言的功能总是消极的，它可以伤害个人，伤害群体，伤害社会，伤害国家。网络谣言就是利用网络进行发布传播。捏造事实传播称为"造谣"，转发传播谣言称为"传谣"。

2017年，有人在网上发布视频，称紫菜是塑料做的，随后该视频被多人转发，引发不明真相群众的恐慌，随着视频的持续大量转发，造成福建省100多家紫菜加工企业的紫菜产品在全国多个超市被下架，经销商恐慌不敢进货，为挽回商品声誉，紫菜加工企业不得不联手辟谣，花费巨大。此次谣言，给紫菜加工企业造成了将近一个亿的损失。

2020年杭州市的谷女士因到快递驿站取快递，被人偷拍了视频并编造杜撰了一个"寂寞少妇出轨快递小哥"的淫秽故事散发到网络，被他人添油加醋不断转发，引发大量低俗评论，导致谷女士被公司劝退、确诊为抑郁、再就业受阻等严重后果，最终谷女士向公安局报警，又向法院提起刑事自诉，后案件由自诉转为公诉案，最终被告人向谷女士道歉并支付了赔偿款，人民法院以诽谤罪判决被告人有期徒刑一年，缓期两年执行。

网络谣言的行为侵犯了他人的名誉权、荣誉权，网络造谣人的动机是比较复杂的，有的是为了制造混乱而从中获利，有的是为了逞能，有的是为了打击报复，有的是为了恶作剧。而网络传谣的人的动机多为"好心分享"。比如"紫菜是塑料做的"谣言中，拍摄这些视频的人利用这些视频对相关企业敲诈勒索，但大多数人看到这个视频后信以为真，是抱着"好心提醒"的态度转发给亲戚朋友的，所以，网络信息真真假假，需要我们擦亮双眼，提高甄别能力，以免成为造谣者的帮凶。

7.2.3　盗图

盗图是未经原创作者的许可，非法地将原创作者的图片盗为己用的行为。《中华人民共和国著作权法》保护的图片作品包含美术作品和摄影作品，网络图片作品的著作权包括发表权、署名权、修改权、保护作品完整权、复制权、出版权、展览权、信息网络传播权等。未经他人许可发布他人作品，或者修改他人作品，甚至将他人的作品当作自己的作品发表，这些行为都侵犯了原创作者的著作权。例如一些网购平台的店铺，将他人拍下的展示商品的图片直接盗用来进行宣传，就是一种"盗图"行为，涉嫌侵犯著作权人的署名权、复制权和信息网络传播权。如果将所盗图片用于商业宣传，且该图片容易引起消费者误认的，还可能引起不正当竞争的法律纠纷。如果将图片作为自己的商业广告，就可能涉嫌侵犯肖像权。例如，演员葛优曾经在多年前一部电视剧《我爱我家》中有一个剧照，后来被网友调侃为"葛优躺"，该图片走红后，多家企业利用这些图片进行自己的商业宣传，葛优一气之下以侵犯肖像权为由将这些企业起诉至法院，开始了长达 6 年的维权之路。

7.2.4　AI 换脸

近些年，AI 换脸走红网络。只要一个抠图软件一张照片，就可以轻松地将自己的头像换到他人的照片中，也可以对影视明星的剧照、视频的脸进行置换，把自己的脸放在影视画面里，并且效果非常逼真，普通人也可以体验到"参演影视"的乐趣，甚至是"与明星合影"的乐趣。《中华人民共和国民法典》（以下简称《民法典》）规定，任何组织或者个人不得以丑化、污损，或者利用信息技术手段伪造等方式侵害他人的肖像权。未经肖像权人同意，不得制作、使用、公开肖像权人的肖像，但是法律另有规定的除外。如果将他人的照片或影视图片换脸后仅供自己私下娱乐使用，仅私下小范围传播，不用于盈利，这属于法律允许的合法使用行为，不构成侵权。但是，如果未经肖像权人同意，无论个人还是平台、软件开发商，通过技术手段提取肖像，并擅自使用或上传至换脸 App 中供用户选择使用，则侵害了他人肖像权。如果将他人的脸换到不雅视频中并进行散布传播，或者对他人形象进行恶意丑化，就是一种造谣、诋毁行为，有可能涉嫌侵犯他人的名誉权。如果不法分子利用 AI 换脸实施诈骗、敲诈勒索等行为，则侵犯了他人的财产权利。

7.3　计算机网络犯罪

当网络违法行为严重到触犯刑法的时候，就是计算机犯罪行为。计算机犯罪并不是刑法的一个独立罪名，而是对利用计算机而实施的犯罪行为或者针对计算机信息系统而实施的犯罪行为的统称。公安部计算机管理监察司对计算机犯罪给出了定义：所谓计算机犯罪，就是在信息活动领域中，利用计算机信息系统或计算机信息知识作为手段，或者针对计算机信息系统，对国家、团体或个人造成危害，依据法律规定，应当予以刑罚处罚的行为。

计算机犯罪可大致分为两大类，第一类是利用计算机信息系统或计算机信息知识的犯罪，第二类是针对计算机信息系统的犯罪。

7.3.1 利用计算机信息系统或计算机信息知识作为手段的犯罪

只要行为人在犯罪活动过程中利用了计算机信息系统，把计算机系统作为犯罪工具，就属于利用计算机信息系统或计算机信息知识作为手段的犯罪。由于计算机技术应用的广泛性，传统的犯罪，除了犯罪行为人与受害者必须进行物理接触才能实施的犯罪之外（比如强奸罪、绑架罪、故意伤害罪等），其他的犯罪基本都可以利用计算机作为犯罪手段实施，故这类犯罪中，涉及到的具体罪名比较多。下面具体介绍几种常见计算机犯罪行为：

1. 网络诈骗

网络诈骗与传统的面对面接触性的诈骗方式不同，电信网络诈骗的行为人通过电话、短信、网络等信息技术的方式，虚构事实隐瞒真相设置骗局，对受害人实施远程、非接触式的诈骗。电信诈骗的套路多、隐秘性强，让人防不胜防，社会危害极大。电信网络诈骗行为触犯的罪名是诈骗罪。

《中华人民共和国刑法》（以下简称《刑法》）二百六十六条规定，诈骗公私财物，数额较大的，处三年以下有期徒刑、拘役或者管制，并处或者单处罚金；数额巨大或者有其他严重情节的，处三年以上十年以下有期徒刑，并处罚金；数额特别巨大或者有其他特别严重情节的，处十年以上有期徒刑或者无期徒刑，并处罚金或者没收财产。

《最高人民法院、最高人民检察院关于办理诈骗刑事案件具体应用法律若干问题的解释》规定：诈骗公私财物价值三千元至一万元以上、三万元至十万元以上、五十万元以上的，应当分别认定为刑法第二百六十六条规定的"数额较大"、"数额巨大"、"数额特别巨大"。

遭遇诈骗的，当事人可以立即拨打110报警电话或携带相关证据直接到公安机关进行报案。当事人需要保留好电子诈骗的相关证据，如通话记录、微信聊天记录、银行转账凭证等。

2. 网络赌博与开设赌场

网络赌博是指利用信息技术进行的组织赌博、接受投注、下注参赌的行为，与传统的赌博相比，网络赌博的时间、人数、赌博金额等都可以不受限制，也难以辨别参赌人员是否成年，因而社会危害性更大。

参与网络赌博，不构成犯罪的，由公安机关依据《中华人民共和国治安管理处罚法》（以下简称《治安管理处罚法》）的规定给予行政处罚，但是构成犯罪的（赌博罪、开设赌场罪），则需要追究刑事责任，《刑法》第三百零三条规定，以营利为目的，聚众赌博或者以赌博为业的，处三年以下有期徒刑、拘役或者管制，并处罚金。开设赌场的，处五年以下有期徒刑、拘役或者管制，并处罚金；情节严重的，处五年以上十年以下有期徒刑，并处罚金。《关于办理网络赌博犯罪案件适用法律若干问题的意见》对网络赌博的开设赌场进行了规定：利用互联网、移动通信终端等传输赌博视频、数据，组织赌博活动，有以下几种情形的构成开设赌场罪。（一）建立赌博网站并接受投注的；（二）建立赌博网站并提供给他人组织赌博的；（三）为赌博网站担任代理并接受投注的；（四）参与赌博网站利润分成的。

3. 网络造谣诽谤

诽谤是指故意捏造并散布虚构的事实，足以贬损他人人格，破坏他人名誉的行为。由于互联网的发展，自媒体的出现，个人发生的渠道增多，有些人为了打击报复或者为了博人眼球，从而制造并发布网络谣言，侵犯他人的人格权。诽谤情节不严重的，是一般违法，由公安机关依据《治安管理处罚法》的规定给予行政处罚，情节严重的，构成诽谤罪，依据《刑法》第二百四十六条的规定，处三年以下有期徒刑、拘役、管制或者剥夺政治权利。

"情节严重"的诽谤行为包括：（一）同一诽谤信息实际被点击、浏览次数达到五千次以上，或者被转发次数达到五百次以上的；（二）造成被害人或者其近亲属精神失常、自残、自杀等严重后果的；（三）二年内曾因诽谤受过行政处罚，又诽谤他人的；（四）其他情节严重的情形。

4. 非法利用信息网络罪与帮助网络信息犯罪活动罪

非法利用信息网络罪是指利用信息网络设立用于实施诈骗、传授犯罪方法、制作或者销售违禁物品、管制物品等违法犯罪活动的网站、通讯群组，或发布有关制作或者销售毒品、枪支、淫秽物品等违禁物品、管制物品或者其他违法犯罪信息，或为实施诈骗等违法犯罪活动发布信息，情节严重的行为。《刑法》第二百八十七条之一规定该罪处三年以下有期徒刑或者拘役，并处或者单处罚金

传统的犯罪行为向信息技术犯罪延伸，需要利用到信息技术或者网络平台，一些不法分子通过向犯罪分子提供网络系统、制作网站、为不法分子发布信息等而获取非法利益，一旦达到立案标准，则构成本罪，即使具体利用这些信息实施犯罪行为的人未到案或者未得逞，也不影响该罪的成立。例如被告人谭某某、张某某非法利用信息网络罪一案，谭某某、张某某在 2016 年 12 月至 2017 年 3 月间多次为其上家发送"刷单获取佣金"的诈骗信息，谭某某、张某某的行为本质上属于诈骗罪的预备行为，但其行为单独构成非法利用信息网络罪。即使具体实施诈骗行为的上家未归案，但并不影响谭某某、张某某犯罪的成立，被告人谭某某、张某某归案后如实供述罪行以及赔偿部分受害人经济损失，法院以非法利用信息网络罪判处被告人张某某是有期徒刑二年一个月，并处罚金人民币十万元；被告人谭某某有期徒刑一年十个月，并处罚金人民币八万元。

帮助信息网络犯罪活动罪（简称帮信罪）是 2015 年 11 月 1 日起施行的《刑法修正案（九）》增设的犯罪，指明知他人利用信息网络实施犯罪，而为其犯罪提供互联网接入、服务器托管、网络存储、通讯传输等技术支持，或者提供广告推广、支付结算等帮助的行为。简而言之，就是为非法利用信息网络罪提供了帮助、支持。值得一提的是，现实中很多人，尤其是一些大学生，为了一点微薄的报酬，把自己的银行卡提供给他人转账结算，这种行为是涉嫌帮信罪的，只要转账金额超过 20 万，就达到立案标准，要被追究刑事责任，根据《刑法》第二百八十七条之二的规定，对帮信罪的处罚是三年以下有期徒刑或者拘役，并处或者单处罚金。

除了必须以行为人自身亲自实施（如强奸罪）或者以他人的人身作为犯罪对象（如故意伤害、故意杀人等）的传统型犯罪以外，其他犯罪基本上均可通过计算机实施。

7.3.2　针对计算机信息系统的犯罪

此类犯罪的相关法律规定是《刑法》第二百八十五条、第二百八十六条，其中第二百八十五条规定了非法侵入计算机信息系统罪（违反国家规定，侵入国家事务、国防建设、尖端科学技术领域的计算机信息系统的，处三年以下有期徒刑或者拘役），非法获取计算机信息系统数据、非法控制计算机信息系统罪（违反国家规定，侵入前款规定以外的计算机信息系统或者采用其他技术手段，获取该计算机信息系统中存储、处理或者传输的数据，或者对该计算机信息系统实施非法控制，情节严重的，处三年以下有期徒刑或者拘役，并处或者单处罚金；情节特别严重的，处三年以上七年以下有期徒刑，并处罚金），提供侵入、非法控制计算机信息系统程序、工具罪（提供专门用于侵入、非法控制计算机信息系统的程序、工具，或者明知他人实施侵入、非法控制计算机信息系统的违法犯罪行为而为其提供程序、工具，情节严重的，依照前款的规定处罚），第二百八十六条规定了破坏计算机信息系统罪（违反国家规定，对计算机信息系统功能进行删除、修改、增加、干扰，造成计算机信息系统不能正常运行，后果严重的，处五年以下有期徒刑或者拘役；后果特别严重的，处五年以上有期徒刑）。

7.3.3　"黑客"行为

"黑客"一词是由英语 Hacker 音译出来的，原本是中性词，并无褒贬意思，是指具有高超计算机技术及网络技术的电脑专业人士，最初黑客是出于窥探、开玩笑或者为了炫耀其技术而在未经许可的情况下，侵入对方系统。但是随着网络技术的发展以及财产、信息等的数字化程度越来越高，黑客行为的趋利性目的越来越明显，变为破坏、盗窃、诈骗等，于是"黑客"一词就带有了贬义，主要是指利用计算机技术非法侵入、干扰、破坏他人的计算机信息系统，或擅自操作、使用、窃取他人计算机信息资源，对电子信息系统安全有程度不同的威胁和危害性的人。

自 1999 年 5 月 8 日美国轰炸我国驻南斯拉夫大使馆之后，我国一些计算机专业人士，出于爱国的动机，为表达爱国主义和民族主义，自发建立名为"红客大联盟"的黑客组织，自称"红客"，利用自己的技术，向一些美国网站，特别是政府网站，发出了几批攻击，自此，红客就成为了我国爱国黑客的专门称呼。虽然"红客"的行为攻击的是别国的网站，对我国没有造成损害，但是"红客"与"黑客"本质都是非法入侵他人的计算机系统的。"红客联盟"等组织，是不被国家承认的，红客的行为也是不被国家认可的。

7.4　网络违法行为的法律责任

7.4.1　民事责任

民事责任是民事主体因违反民事义务所应承担的民事法律后果，它旨在使受害人被侵犯的权益得以恢复，是一种民事救济手段。《民法典》规定网络用户、网络服务提供者利用网络侵害他人民事权益的，应当承担侵权责任，《民法典》第一百七十九条规定承担民事责任的方式主要有：（一）停止侵害；（二）排除妨碍；（三）消除危险；（四）返还财产；（五）恢复原状；（六）修理、重作、更换；（七）继续履行；（八）赔偿损失；（九）支付违约金；（十）消除影响、恢复名誉；（十一）赔礼道歉。

以上民事责任的方式可以单独适用，也可以合并适用，受害人可以根据实际情况，选择适合的责任方式要求侵权人承担。比如，若侵权人侵犯了受害者的名誉权，受害者可以要求侵权人同时承担停止侵害，赔偿损失，消除影响、恢复名誉，赔礼道歉等责任，也可以只选择其中一种责任方式向侵权人主张权利。

7.4.2　行政责任

行政责任是指行政主体因违反行政法律规范而依法必须承担的法律责任，是对行政违法行为的一种惩戒措施。行政责任包括行政处罚和行政处分两种，这里主要介绍行政处罚。行政处罚是指行政机关依法对违反行政管理秩序的公民、法人或者其他组织，以减损权益或者增加义务的方式予以惩戒的行为。行政处罚的种类包括：（一）警告、通报批评；（二）罚款、没收违法所得、没收非法财物；（三）暂扣许可证件、降低资质等级、吊销许可证件；（四）限制开展生产经营活动、责令停产停业、责令关闭、限制从业；（五）行政拘留；（六）法律、行政法规规定的其他行政处罚。

前文所述的网络暴力、网络谣言等网络违法行为，属于《治安管理处罚法》第四十二条的规定的情形。对于有公然侮辱他人或者捏造事实诽谤他人，多次发送淫秽、侮辱、恐吓或者其他信息，干扰他人正常生活，偷窥、偷拍、窃听、散布他人隐私等行为的人，公安机关有权对其处以拘留或者罚款的行政处罚。对于盗图等侵犯著作权的行为，主管著作权的部门有权责令行为人停止侵权行为，予以警告，没收违法所得，罚款等处罚。

7.4.3　刑事责任

刑事责任是指犯罪人因实施犯罪行为应当承担的法律责任，按刑事法律的规定追究其法律责任，也即刑罚。刑罚包括主刑和附加刑两种。主刑有：管制、拘役、有期徒刑、无期徒刑和死刑。附加刑有：罚金、剥夺政治权利和没收财产。附加刑也可以独立适用，对于犯罪的外国人，可以独立适用或者附加适用驱逐出境。

刑事责任是最严厉的法律责任，被判处刑罚的犯罪分子，其本人的人身自由被限制、财产甚至生命会被剥夺，刑罚执行完毕之后会留有犯罪记录（俗称案底），就职范围也会受限，其子女参军或考公务员一般也难以通过政审。

本章小结：计算机网络技术已经全面渗透到我们的工作、生活当中，传统的道德观念正因为计算机网络技术的应用向现实生活的不断延伸而发生改变。但是，不管怎样改变，作为道德主体、法律主体的人，在任何时候实施任何行为，都要遵守道德、遵纪守法，不谋取不正当利益，不侵犯他人的合法权益，否则面临承当民事责任、行政责任、刑事责任的风险。

参考文献

[1] 陈昕. 网络实用技术基础 ［M］. 北京：国家开放大学出版社，2021.

[2] 郑纬民. 计算机应用基础 ［M］. 北京：国家开放大学出版社，2022.

[3] 郑德庆. 大学计算机基础 ［M］. 北京：中国铁道出版社有限公司，2022.

[4] 李维明. 了解网络结构特征，理解网络价值意义——"网络基本概念"的教学 ［J］. 中国信息技术教育，2021（04）：12-13.

[5] 婉玲，张双，石小平. 信息化飞机地面支持系统网络安保设计与仿真 ［J］. 长江信息通信，2022，35（01）：10-12＋16.

[6] 何宝海. 网络安全管理技术研究 ［J］. 科技创新与应用，2022，12（30）：177-180.

[7] 耿利勇. 计算机网络信息安全防护探析 ［J］. 信息与电脑（理论版），2010（12）：13.

[8] 张阳光，李婉. 大数据时代个人信息安全问题研究 ［J］. 新经济，2022（07）：58-61.

[9] PATRICIA WALLACE. 互联网心理学 ［M］. 谢影，苟建新，译. 北京：中国轻工业出版社，2001.

[10] 赵云泽，王靖雨，焦建. 中国社会转型焦虑与互联网伦理 ［M］. 北京：中国人民大学出版社，2017.

[11] 马云驰，白斯木. 互联网的文化与伦理价值——网络改变中国 ［M］. 北京：中国民主法制出版社，2011.

[12] 彭万林，覃有土. 民法学 ［M］. 北京：中国政法大学出版社，2018.

[13] 赵秉志. 刑法学 ［M］. 北京：国家开放大学出版社，2014.